天之涯 地之角

在哥白尼的故乡
『山中之国』圣马力诺
梵蒂冈：徜徉在艺术的殿堂
威尼斯：水城之夜
秋风秋雨滑铁卢
登上南极半岛
别了，火地人
尼罗河与金字塔
苏伊士运河纪行
死城庞贝
我从复活节岛归来

The Ends of the World

那些少有人抵达的地方

金涛 著

科学普及出版社
·北京·

图书在版编目（CIP）数据

天之涯　地之角：那些少有人抵达的地方 / 金涛著 . -- 北京：科学普及出版社，2019.8
ISBN 978-7-110-09953-7
Ⅰ . ①天… Ⅱ . ①金… Ⅲ . ①自然科学-文集 Ⅳ . ① N53
中国版本图书馆 CIP 数据核字 (2019) 第 084293 号

策划编辑　杨虚杰
责任编辑　田文芳　赵慧娟
装帧创意　林海波
责任校对　蒋宵宵
责任印制　马宇晨

出　　版　科学普及出版社
发　　行　中国科学技术出版社有限公司发行部
地　　址　北京市海淀区中关村南大街 16 号
邮　　编　100081
发行电话　010-62173865
传　　真　010-62173081
网　　址　http://www.cspbooks.com.cn

开　　本　880mm×1230mm　1/32
字　　数　160 千字
印　　张　8.25
版　　次　2019 年 8 月第 1 版
印　　次　2019 年 8 月第 1 次印刷
印　　刷　北京利丰雅高长城印刷有限公司

书　　号　ISBN 978-7-110-09953-7/N·248
定　　价　58.00 元

金涛 先生是我国为数不多的在文学及科学普及创作领域均有建树的作家。

在半个多世纪的科学文艺创作生涯中，笔耕不辍，成就斐然，他在创作中贯穿始终的对科学的基本认识、对人类的深切关怀、对未来的深刻思考使他的作品独树一帜。早在20世纪50—60年代，就开始在《中国少年报》发表科学童话作品。70年代后，他以《光明日报》记者的身份，创作了数百万字的科学报道、专访、游记、随笔、报告文学和人物传记，作品曾多次获得过国家级奖励，其科幻小说代表作《月光岛》《魔鞋》产生了广泛的社会影响。

2014年获得首届“王麦林科学文艺创作奖”。

金涛先生1963年毕业于北京大学地质地理系，先后做过教员，编辑、记者，出版社社长、总编辑。

在哥白尼的故乡

袖珍小国的风采

乘贡多拉逛水城之夜

追踪拿破仑

目录

在哥白尼的故乡

追踪哥白尼的足迹

500多年前，波罗的海之滨一个小镇的古老教堂里，住着位德高望重的神父。

教堂建在不高的岗阜上，高耸的塔楼伸出教堂的院墙，气势雄伟，远近一带的滨海平原上没有比它更高的建筑了。

每当繁星闪烁、夜空澄澈的晚上，镇上的人大都进入梦乡，这位身穿黑色长袍的神父便悄悄地攀梯登上塔楼。他一动不动地站在那里仰望星辰，还摆弄一些莫名其妙的仪器观测天象。他对这项探索宇宙的工作是如此倾心。波罗的海的冬天漫长又寒冷，凛冽的寒风冻得双手不听使唤，他依然一连几个小时忘情地观察，直到双脚都麻木了才回去休息。夏天，这一带凉爽宜人，他更是不知疲倦，常常被夜露打湿了衣衫……年复一年，他的满头黑发变成银丝，但他从未停止过这件鲜为人知的工作，直到停止呼吸的那一天。

然而，今天全世界稍有文化常识的人都不会忘记他的伟大功绩。由于他的一部划时代的著作，整个人类的宇宙观发生了一场革命，千百年来被教会奉为金科玉律的经典学说——由亚里士多德和托勒密建立的"地球中心说"——彻底动摇瓦解。他提出的"太阳中心说"，作为一种新的宇宙观，不仅奠定了现代天文学的基石，而且像一道曙光，驱散了宗教神学统治的漫漫黑夜，从此自然科学挣脱了神学的束缚而获得自由，人类思想解放的号角吹响了。

他，这位推动历史前进的思想巨人，就是我们十分熟悉的伟大的波兰天文学家尼古拉·哥白尼。

当我决定前往哥白尼的祖国时，我细细查找了波兰的地图。我有心去追踪他的足迹，访问那些留下他的吉光片羽的地方。于是，我到了他的故乡——托伦，他青年时代求学的古城——克拉科夫，一直到达他度过后半生的波罗的海之滨的小城——弗龙堡。5个多世纪的悠长岁月，沧海桑田，人们是否还记得这位在孤独中死去的智者呢？无情的岁月流水是否早已将这位巨人的足迹冲洗得踪迹全无了呢？

我怀着如此复杂的心情，踏上了遥远的旅程。

从波兰首都华沙北行，欧洲平原的景色令人赏心悦目。公路两旁，森林夹峙，绵延不绝，使人错以为穿行在大森林里。汽车不停地跑了3个小时，终于到达哥白尼的故乡——托伦。

实际上，汽车一直在和维斯瓦河赛跑。流贯波兰全境的维斯瓦河，穿过华沙，此刻又贴着托伦身旁静静地流向北方。沿着河岸，托伦古城赭红色的城墙巍然屹立；红墙绿树之间，教堂的尖塔和古建筑的房顶忽隐忽现；眺望宽阔的河面，远近有几座大桥气势不凡。缥缥缈缈的对岸，依稀可见片片楼房。据说是新建的工业区，人们打算在那里建设一座新城。

托伦人没有忘记自己杰出的儿子。他们对作为哥白尼的同乡感到骄傲和自豪。在市中心最显眼的市政厅广场，矗立着一尊高大的哥白尼青铜雕像。雕像是全身的，身着教士长袍的天文学家手托一具天象仪，神态安详地凝视着前方。这里聚集了许多游人，也许很多是如我一样的崇拜者。广场附近，临街一幢老房是波兰很有名的远东博物馆，收藏了印度、日本和中国的佛像、瓷器、漆器、书画以及古代工艺品。附带说一句，托伦的文物古迹之多，仅次于古都克拉科夫，居全国第二，这也说明托伦历史的悠久。

我们受到托伦市长斯杰潘斯基的热情接待，承他给我们上了一堂生动的历史课。

托伦市位于波兰中部，距离华沙213千米，是托伦省首府。这座有755年历史的古城，在13世纪由条顿骑士团所建。相传条顿人属于日耳曼人部落，所以托伦和波兰北部的格但斯克、索波特等城市一样，受普鲁士影响很深，很多建筑也保持了德国的风格。在哥白尼出生前19年，托伦摆脱了十字骑士团统治，成为波兰国王卡齐米日·雅盖隆奇克统治下的城市。

中世纪的托伦市是波兰最重要的城市，它和波兰北部滨海地区的埃尔布隆格、格但斯克号称三大城。由于托伦位于西欧通向波兰的有利位置，加上维斯瓦河交通便利，物阜民丰，这里一度是繁华的贸易中心。中欧的矿石、日耳曼和北欧的工业品在这里集散。斯杰潘斯基市长说：“如果有兴趣，你们可以参观托伦的葡萄酒窖。从中世纪起这里就有全国最大的酒窖，进口的葡萄酒先贮藏在此地，然后再运往各地。”托伦的衰落是1793年波兰国土被再次瓜分之后，由于被维斯瓦河河口新建的但泽（格但斯克）港夺去大部分商业贸易，它的地位才一落千丈了。

我最感兴趣的自然是哥白尼在托伦留下的遗迹。在哥白尼大街17号的哥白尼故居，我向这幢绛红色的砖楼投下深情的一瞥。这条街原叫圣阿娜巷，街面不宽，但两旁二三层的楼房建筑整齐，屋宇高敞，可显示这一带的住户都是城中的殷实人家。哥白尼是1473年2月19日诞生在这幢典型的中世纪民居的，楼下贮藏货物，进门左手边即楼梯，楼上住人，底层天花板很高，房梁遍饰彩画，如今这幢古建筑已是一座博物馆。

关于天文学家早期的生活，包括他的家世，目前所知只是一鳞半爪，大概许多细节已变成永远的秘密了。哥白尼的父亲是个很有经营才能的商人，原在克拉科夫和格但斯克经商，1458年迁居托伦，一度是托伦议会的议员（也有说他担任过市长）。1464年，他与本城富商瓦兹洛德的女儿巴尔巴娜结婚，生有两男两女，哥白尼是最小的儿子。

对哥白尼一生具有决定性影响的是他的舅父乌卡什·瓦兹洛德。他的舅父早年在克拉科夫学习过，后毕业于意大利波伦亚大学，获教会法学博士学位。回到波兰先后担任普鲁士弗龙堡大教堂主教，又被罗马教皇任命为波兰城邦埃尔门兰德的大主教，后来担任瓦尔米亚主教。瓦尔米亚原是普鲁士的一部分，1466年并入波兰，称为王属普鲁士，接受波兰国王管辖，是普鲁士最大的主教区。瓦兹洛德主教还是波兰最早的人文主义者和文艺复兴运动的先驱。由于哥白尼10岁丧父，当哥白尼失去母亲后，舅父便承担了抚养他们姐弟4人的责任。哥白尼先被送到约翰学校读书，之后升入托伦上游的弗沃茨瓦韦克城的教会中学。

斯杰潘斯基市长说，托伦现有人口20万人，每年到托伦旅游的国内外游人达100万之多。为了保护这座历史名城，减少噪声和工业污染对城市古建筑的影响，在维斯瓦河畔建了停车场，各种车辆一律不准进入市区。他们还拆除了市内110座老式供暖设备，统一从7千米之外向市区供暖，从而有效地防止了空气污染。托伦不仅是一个商业城，它的化工、机械、电机、纺织也很著名，其中矿山机械、医疗材料等大量出口。为此，他们把这些工厂都建在维斯瓦河东岸的工业区，那里已有6万居民。

在托伦，我们参观了以哥白尼的名字命名的哥白尼大学。这所大学建于1945年，是一所很有特色的高等学府，它是天文学研究中心，而且是波兰唯一设有美术系的大学，学术活动十分活跃。据副校长察米阿尔科夫斯基介绍，哥白尼大学是从维尔诺迁来的，很多教授来自维尔诺波克巴托大学。目前，该校有教职员2300人，大学生7500人，设有23个研究所。他们每年接受外国访问学者600~700人，本校也派出同样数量的教师出国进修，而且还举办各种国际性的学术讨论会，以促进校际合作与学术交流。察米阿尔科夫斯基特别强调指出，哥白尼大学的天文研究实力相当雄厚，天体物理研究一直是该校的重点科研项目。1987年10月，他们与我国南京大学签订合作协议，两校天文、化学等学科进行广泛合作。1988年9月，两校第一次交换3名留学生。这一切再生动不过地说明，哥白尼开创的事业是后继有人的。

1491年，18岁的哥白尼离开托伦，进入克拉科夫大学（即今日雅盖隆大学）学习，直到1495年大学毕业前往意大利留学，他在克拉科夫生活了整整4年。当时克拉科夫只有2万人，但来自波兰各地和欧洲许多国家的大学生竟达2000人。由于受文艺复兴思潮的影响，克拉科夫弥漫着蔑视传统、追求真理的学术氛围，尤其是大学讲坛新旧思想的激烈论争，这在年轻的哥白尼身上留下了深深的烙印。他的许多大胆的反传统的思想，据说就是在克拉科夫就学期间开始萌芽的。当时在克拉科夫大学占星学系任教的沃伊切赫教授，是欧洲著名的天文学家之一，是他的教学活动启迪了哥白尼对天文学的兴趣。正是受沃伊切赫教授的影响，哥白尼开始对传统的天文学理论产生了大胆的怀疑。

从克拉科夫大学毕业后不久，哥白尼在舅父瓦兹洛德主教的安排下，从1496年至1503年到文艺复兴的发祥地——意大利留学。他先后在博洛尼亚大学、帕多瓦大学、费拉拉大学学习教会法律和医学，1503年获教会法学博士学位。回国后，由于瓦兹洛德主教年迈多病，他在波兰皇耳斯堡主教官邸生活了6年。1512年瓦兹洛德逝世后，哥白尼便来到位于波兰北部格丁尼亚附近的弗龙堡大教堂当了一名神父。从此，在这个波罗的海海滨小镇，他度过了一生中最辉煌的时期。

我们是从北部海港城市格丁尼亚驱车前往弗龙堡的。这一带，地势平坦，茂密的森林与绿色的田畴交替出现，很久也不见一个村庄。汽车不时穿行在密林郁闭的小路，仿佛钻进不见阳光的千里凉棚，使人心绪安宁，耳目清爽。钻出森林，在一个小火车站好不容易遇上几名装卸工，一打听，才知道我们走错了路。看来，是我们贪恋那秀色可餐的大森林了。

弗龙堡在哥白尼时代就是瓦尔米亚教区的首府，小镇有1500名居民。经过5个多世纪，弗龙堡似乎像远离尘世的深山古刹，依然保持恬静、安宁的古老风貌。那高踞在缓缓起伏的山冈上的教堂，像饱经风霜的城堡，默默无言地俯瞰着人间的纷争与困扰……

从弗龙堡教堂高耸的钟楼向北眺望，只见水天茫茫、渺无边际，这是与波罗的海相连的维斯瓦湾。弗龙堡原是东普鲁士的一个小镇，现属埃尔布隆格省，居民仅2000人，多从事渔业。镇上多数房屋散布在小山冈周围，而雄踞山冈最宏伟的建筑，便是巍峨的大教堂。这座教堂建于14世纪，初为木结构，1344年改为砖石建筑，1488年四周又加筑了坚固的城墙，墙上有箭楼，俨然一座名副其实的城堡。我们从横跨壕沟的木桥进入城堡，壕沟外的参天古树可以证明古堡饱经沧桑的历史。接待我们的是一位年轻的女解说员，她说，古堡是1948年作为纪念哥白尼的第一个博物馆对外开放的，它包括作为博物馆展厅的大主教堂

（1971年正式开放），一座可登高眺望并陈列着以天文为主题的艺术品的塔楼，还有埋葬哥白尼遗骨的尖塔高耸的大教堂。

在两层楼的大主教堂内，底层展厅以大量出土文物展示了弗龙堡及其周围地区悠久的历史文化。其中，大量的陶器、陶质水管、日用器皿是1959年考古发掘出土的，均是14~15世纪的遗物，据说有的是在哥白尼的棺材里发现的，有的出自教会医院的地下。二楼展出哥白尼的生平，以及与他的科学活动有关的展品。巨幅的哥白尼油画像，哥白尼的不朽之作《天体运行论》最早的波兰文本，哥白尼的博士证书，他写给主教的信，以及他亲手绘制的天体运行图，一一展示在我们面前，但大部分都是复制品。此外，展厅中还陈列着哥白尼观测天象的简陋的仪器。想到这位伟大的天文学家，不论是寒风凛冽的冬天，还是海风拂面的夏夜，始终坚持不懈地观测星空，探索宇宙的秘密达30年之久，着实令人钦佩。

哥白尼和文艺复兴时代许多杰出的人物一样，多才多艺，在许多领域都有卓越的贡献。他精通多种语言，翻译了公元7世纪拜占庭作家泰奥苏拉克特·西莫卡塔的《风俗·田园和爱情信札》，这是波兰第一部由希腊文翻译过来的拉丁文作品。他是一位妙手回春的医生，不仅当过舅父的私人保健医生，被许多贵族请去看病，而且经常免费给穷人看病，在瘟疫流行时抢救了许多患者。他还是杰出的测绘专家和新的历法制定者。为了政治斗争的需要，哥白尼奉舅父之命绘制了瓦尔米亚和王属普鲁士西部的边界的地图。他的大量天文观测记录不仅是为了探索天体运行的规律，而且首先用于历法改革，因为当时通行的儒略历与实际情况有很大差距。而我们知道，历法和人类的生产特别是农业有多么密切的关系。

展厅里陈列的哥白尼撰述的一本《货币的一般理论》引起我浓厚的兴趣。原来当时的波兰币制相当混乱，各地都发行货币，货币的价值极不统一，以致市场物价飞涨，金融混乱，货币贬值。哥白尼为此专门写了论述货币的经济学著作，主张对货币实行改革，提出新的货币制。他认为应建立各国之间的货币同盟，一国只准流行一种货币，并限制货币发行量，销毁过去发行的劣币，只有这样才能建立市场新秩序。哥白尼曾把他写的论文送交议会讨论，他的理论虽然并未得到全部实现，但却引起国王和贵族的高度重视。哥白尼被公认为是那个时代最杰出的经济学家。

当然，哥白尼名垂青史的成就是对天文学的贡献。移居弗龙堡不久，约从1516年起，他便开始《天体运行论》的写作，整整用了20年的时间，到1536年基本完稿。由于害怕书中的观点将会使自己遭到教会的迫害，他一直未敢公开出版。只是在1530年，哥白尼写了篇科学论文，名为《短论》，分赠给欧洲一些学者私下传阅，就这样还引起了一些人的激烈反对。1541年，他的弟子、德国维登堡大学教授雷提卡斯把《天体运行论》手稿送到纽伦堡出版。但是，当这本划时代的著作送到哥白尼手中时，他已双目失明，生命处于垂危状态，他仅仅用手摸了摸样书的封面，便与世长辞了——这是1543年5月24日。

具有绝对讽刺意味的是，当哥白尼的学说在欧洲广为传播时，在他生前对他进行恶毒的人身攻击，竭力歪曲他的学说最为起劲的，却是另一位伟大的宗教改革家马丁·路德。

众所周知，马丁·路德第一个挺身而出谴责教会出售“赎罪券”的肮脏交易，而且要求取消等级制度，否定教皇权威。他所掀起的宗教改革运动影响遍及西欧和北欧。然而马丁·路德对于弗龙堡这一位向宗教神权提出挑战的天文学家，却表现出极大的浅薄和无知。他粗暴地攻击哥白尼的学说是危险的异端。1531年，埃尔布隆格的路德派信徒居然在狂欢节的化装舞会上，用一名小丑的滑稽表演嘲笑哥白尼。可想而知，当这些无聊的人身攻击传到哥白尼的耳朵里时，他是多么痛心——在人类的文明史上，这又是多么常见的误会和不幸啊！

从大主教堂出来，我随游人攀上高耸云天的钟楼。钟楼当中是螺旋形的盘梯，圆形的墙壁缀满日月星辰的图案和以宇宙为主题的壁画，有写实风格的，更多则是抽象派的作品。

攀上钟楼最高处，墙上是一圈阳台，可以凭栏远眺弗龙堡全景。绿树掩映的小镇，红砖红瓦的房舍小巧典雅，错落有致，除此之外，满目尽是绿色的田野，绿色的森林，连天际的海湾也是悦目的绿色。近旁，塔楼底层有一间不常开放的斗室，放着木桌、木椅，壁炉是冰冷的，一具老式的天象仪闲置在墙角，不知有几百年了，这就是哥白尼的工作室。他的不朽著作《天体运行论》也许就是在这里诞生的。从钟楼顶上的阳台看去，那座尖塔耸立的哥特式教堂突然变小了，如蚁的游人正在向敞开的大门涌去，那里是哥白尼长眠之地。悠扬的管风琴声响了起来，如瑶池仙乐，飘飘袅袅，随风四散开来，传到很远很远……

弗龙堡内的大教堂，哥白尼安息在这里

波兰皇宫和她的警卫长

参观华沙的波兰皇宫那天，我，还有许多波兰人——有上了年纪的，更多的是脸上充满稚气的小伙子和漂亮的女中学生，驻足在大厅一侧的一面残破的老墙前面，很久没有离开。

我的双脚像是被磁铁吸住，我的心情也变得异乎寻常地沉重。

我从人们严峻的面容可以看出，他们此时此刻的心情像暴风掠过的海洋，心潮激荡，深沉的悲哀中隐藏着无法遏制的愤怒，这是一个民族在奇耻大辱面前难以控制的心情。

大厅的四壁粉刷得洁白晶莹，唯有这一堵镶嵌在粉墙中间极不规则的老墙，如同镜框中一幅丑陋无比的浮雕，仔细辨认，它却是一堵砖墙，但是好像经历了炼狱烈焰的炙烤，黑黝黝的表面凹凸不平，结满毒瘤般的疤痕，活像一个被烈火烧伤的脸孔，令人目不忍睹。

在老墙前面，异常醒目地立着一幅放大的黑白照片，如果不是有人指点，我绝对想象不出，照片摄下的恰恰是此刻参观的皇宫，因为画面上看不见高耸的古堡，也没有维斯瓦河畔景色如画的花园，我所看到的是笼罩着死亡阴影的废墟，一个被毁灭的皇宫的废墟。

这时，我的耳畔响起低沉而苍凉的声音，他是站在我身边的皇宫警卫长季格米特·鲁特科夫斯基。

“这幅照片是1944年拍摄的。它是德国法西斯毁灭人类文明的铁证。1944年华沙起义失败后，希特勒穷凶极恶地叫嚷要把华沙从地球上抹掉，德寇的工兵对华沙全城进行了毁灭式的大破坏。他们把全城划分为四个区域，爆破队到处点起炸药，把所有的建筑物统统炸毁，然后浇上汽油付之一炬。德国法西斯自然不会放过古老的皇宫，因为他们很清楚，这座建于13世纪末至14世纪的建筑，是自由、独立的波兰的象征，是我们民族的灵魂。为了从心理上摧毁波兰民族，德寇的爆破队在皇宫里里外外凿了1万多个炮眼，埋了数百吨炸药，这座拥有500多年历史的皇宫就这样葬送在法西斯强盗手里。只有这堵墙是废墟中唯一保存下来的，它历尽浩劫，巍然屹立，象征着波兰人民百折不挠的精神。所以，当我们在战后重新修复皇宫时，特地将它镶嵌在新墙之间，让我们的后代永不忘记祖国历史上最黑暗的一页……”

季格米特·鲁特科夫斯基说话声音不高，但却如重锤敲在我的胸膛，使我久久不能平静。在访问华沙的这些日子里，我每时每刻都感受到波兰人民对民族苦难的深刻记忆和追求自由幸福的坚定信念。这并不奇怪，世界上只有很少的国家像波兰这样经受过长期蹂躏和亡国之痛。这是一个多灾多难的民族，历史上不止一次受到异族侵略者的压迫和瓜分。远的不必细说，近200年来波兰的国土就曾三次被邻国瓜分。第一次是1772年，俄国、普鲁士、奥地利在彼得堡签订了瓜分波兰的协定，沙皇俄国占领了德维纳河、德鲁哥河和德涅伯河之间的大部分白俄罗斯地区和拉脱维亚的一部分，面积达92000平方千米；普鲁士占领了波兰的波罗的海沿岸和一部分大波兰、库雅维亚地区，面积36000平方千米；奥地利占领维斯瓦河和桑河以南地区和加利西亚大部分，面积83000平方千米。第二次瓜分波兰发生在20年之后的1792年，据说沙皇俄国为了逼迫波兰议会通过俄、普两国瓜分波兰领土的条约，竟然用大炮对准涅曼河畔格罗德诺的议会大厅。第二次瓜分波兰的结果使波兰变为俄国的附庸。沙俄占领了波兰25万平方千米的土地，普鲁士则占领了格但斯克、托伦两大城市及58000平方千米土地，波兰已不再是一个独立的国家。1795年，俄、普、奥三国第三次瓜分波兰，导致了波兰的灭亡。特别是1815年维也纳会议，沙俄掠得波兰国土的十分之九，建立了波兰王国，沙皇亚历山大一世兼任波兰的国王，被普鲁士占领的地方后来改为波兹南大公国；奥地利则占领了加利西亚。

我在波兰北部波罗的海之滨访问时，采访了维斯特普拉特半岛，1939年9月1日希特勒军队在这里进攻波兰，由此揭开了第二次世界大战的序幕，而波兰又成了“二战”的第一个牺牲者。希特勒对波兰的侵略是蓄谋已久的，投入了近2400辆坦克和2000多架飞机。而当时波兰军队总共才有180辆质量低劣的坦克和420架过时的飞机。尽管波兰军队和波兰人民进行了英勇的抵抗，但是到9月9日，法西斯的军队攻进华沙，9月末，波兰灭亡了。

这是波兰历史上最黑暗、最悲惨的一页。希特勒对波兰实施惨无人道的灭绝种族的政策。有几个数字是颇能说明问题的：战前的波兰有3250万人口，战后只剩下2600万人，在牺牲的人中间，死于战场的仅占百分之八，而占百分之九十的人死于德国法西斯集中营的焚尸炉、监狱和刑场。一个仅有3250万人口的小国，在这次大战中付出650万人的巨大牺牲，难道还不足以说明德国法西斯妄图消灭波兰民族的罪恶意图吗？

在华沙柴门霍夫大街的广场上，我徘徊在一座正面为青铜雕刻、背面为大理石雕刻的墙式碑前。这条大街是华沙犹太人聚居区，德国法西斯占领华沙后，把波兰境内约50万犹太人集中在这条街区，像集中营一样构筑围墙碉堡，大规模地屠杀犹太人。仅1942年7月22日至9月21日，就把40万犹太人运往德列布林克死亡营。在死亡的威胁面前，1943年4月19日，犹太区终于爆发了英勇的武装暴动。这是一场慷慨赴死的搏斗，犹太人明明知道胜利的希望是渺茫的，但他们宁肯战斗而死，也不愿让法西斯任意宰割。所有的犹太人，包括老人、妇女和孩子都拿起武器，义无反顾地向法西斯开火。德国法西斯军队调来坦克和大炮，工兵带着汽油把整个犹太区变成一片火海，连马路上的沥青也燃烧起来。这场震撼欧洲的"死亡进军"持续了两个月，英勇不屈的犹太人战斗到最后一个人，30多万起义的犹太人全部壮烈牺牲，而整个犹太区也如华沙一样被夷为平地了……我眼前屹立的这座墙式碑，就是纪念犹太人武装起义而在犹太区废墟上建立的，名为"犹太区英雄纪念碑"，正面青铜雕刻是表现"战斗的犹太区"的情景，反面大理石雕刻是"死亡进军"的主题。

犹太区的武装起义只不过是波兰人民反抗德国法西斯壮烈的一

幕，在整个第二次世界大战期间，波兰人几乎在所有的战场上参加了反法西斯斗争。但是最壮烈、牺牲也最惨重的是1944年8月1日的华沙起义。这次起义发生在德国法西斯彻底覆灭的前夜，苏联红军在伏尔加格勒、莫斯科、库尔斯克、斯摩梭斯克和乌克兰已经获得胜利之后，苏联红军的主力已突破波苏边界，推进到维斯瓦河右岸的华沙"布拉格"郊区。因此它的失败不能不引起人们对历史的反思。

在维斯瓦河畔的波兰第一军雄伟纪念碑前，我仿佛又看见华沙起义壮烈的场面。当时华沙100万市民不分老幼全部投入起义的行列，起义者首先进攻俄拉区，攻占了中央电话所，并迅速控制了其他区域。但是由于武器短缺，缺乏弹药，德国法西斯立即疯狂反扑，他们用重炮猛轰俄拉区，纵火焚烧房屋，把居民成群地赶到街头枪毙。城市陷入一片火海之中，没有粮食，没有淡水，但起义者仍然在每条街道、每幢房屋，甚至从下水道中向敌人射出复仇的子弹。最后，起义者退到老城区，德国军队又迅速包围老城区，双方激战持续了一个月之久。由于敌我双方实力悬殊，华沙人民尽管作战英勇，在经过63天鏖战之后，终于以失败而告终。据波兰朋友相告，当1944年8月1日华沙人民发动武装起义时，协同苏联红军作战的波兰第一军的将士，眼看自己的同胞遭到德寇的枪杀，立即以两个营的兵力强渡维斯瓦河，以拯救起义者，但由于德寇的火力封锁，不幸全军覆没了。

华沙起义付出的代价是惨重的。战前拥有100万人口的华沙，战后仅剩了10万居民，其中二三十万人血洒街头，还有数万人被德寇押往集中营杀害。而美丽的古都华沙连同壮丽的波兰皇宫，作为波兰民族的象征，在这场浩劫中变成一片废墟。

华沙的每一寸泥土都渗透了无辜者的鲜血，每一块石头都牢记着深仇大恨。波兰人民世世代代也不会忘记侵略者欠下的血债。

……轻移脚步，我继续跟着皇宫警卫长穿行在一个又一个造型迥然不同的大厅。华沙皇宫素有波兰民族文化纪念碑之称。德国法西斯用炸药将它夷为平地，但是，波兰人民从1971年至1981年，用了10年光阴，又将它重新矗立起来。季格米特·鲁特科夫斯基说，重建皇宫的工程十分艰巨，历史学家、古建专家、考古学家查阅了许多历史档案资料，弄清了这座由玛佑维亚大公创建的皇宫城堡在各个历史时期的演变：它在1569年，由哥特式城堡改建成文艺复兴时期的宅邸，平面呈五角形，内有四面回廊包围的庭院，外有景色优美的皇宫花园。1596年，波兰首都由克拉科夫迁往华沙，皇宫城堡多次扩展，内部结构和建筑布局多有变化，但重修的皇宫完全是按照原样重新建造起来的，丝毫看不出和原来的皇宫有什么不同，这不能不说是建筑史上一个伟大的奇迹。

今天的皇宫，许多大厅已辟作博物馆，陈列波兰各个朝代珍贵的历史文物。每个大厅的建筑风格都不相同，体现了不同历史时期的艺术特色。最有名的是金碧辉煌的国王会见厅、大理石厅、国王餐厅和舞厅。在国王会见厅内有一张价值连城的御桌，光是装饰的黄金就有25千克，极尽奢华；大理石厅光洁晶莹，全部用精细加工的各色大理石铺地，四壁悬挂历代波兰国王的画像；在宽敞的舞厅四周，挂满巨幅用金线编织的挂毯，内容是圣经故事，艺术价值很高；至于国王餐厅，陈设倒是十分简陋，据说这里除了供国王白天休息之用，每星期四，国王在午餐时特意邀集社会名流谈文化问题。需要指出的是，波兰皇宫除了是君王居住之地，18世纪以来又是议会所在地。楼上有波兰议会办公室和第一个议会厅，后者是150名议员商讨国事的地点。这和封建专制社会的皇宫是有所不同的。

波兰人民不仅修复了皇宫，还从全国各地收集了大批珍贵历史文物。皇宫内保存的许多造型古朴的老式家具，如雕镂精细的衣柜、木椅、桌子和床，都是15世纪至16世纪的老古董，还有4000多件珍贵的艺术精品。德国法西斯企图毁灭历史悠久的波兰文化，但是历史却无情地嘲笑了这些丑类。波兰民族的精华与日月长存，重新焕发出时代的光彩，而毁灭的倒是那些历史的罪人。这也是历史的辩证法吧。

我走出皇宫，走向绿草如茵的广场。今天的华沙，已经看不见战争的遗迹。波兰人民不仅重建了古老的皇宫，而且用他们的双手治疗了战争的创伤，在废墟上建起一个新华沙；不仅恢复了华沙的旧貌，而且建设得比任何时代更加美丽，更加雄伟。漫步在华沙街头，你会发现所有的16世纪以来的古建筑都原样修复，老城区古老的城堡和哥特式的建筑，依然高高耸立在维斯瓦河边；那些富有诗情画意的卵石镶嵌的小巷和弥漫着中世纪气息的店铺，仿佛从未经受过战火的浩劫。更加令人悦目的是遍布全城的绿地、树林和浓荫覆盖的花园。在全世界各国首都中，华沙居民平均占有的绿化地是最多的，人均70余平方米，难怪华沙享有“世界绿都”的美称。

写到这里，言犹未尽。我还必须向亲爱的读者介绍一下一直陪同我参观皇宫的警卫长季格米特·鲁特科夫斯基。

他是一个矮矮墩墩的老头儿，大鼻子，浓眉毛，神情刚毅，腰板挺直，走路迈着职业军人的步伐，一见面就知道是个很有个性的人。记得在参观皇宫的头天晚上，他在我们暂住的旅馆共进晚餐时自我介绍，他是波兰人民军的退伍上校，参加过反法西斯战争。在戎马倥偬的岁月，他对祖国的历史就有浓厚的兴趣，只是由于军人职业的限制，个人的爱好只好放在一边了。

“几年前，我到了退休年龄，告别了我的部队。”退伍上校用手摸了摸谢顶的头，说，“按规定，我可以拿养老金，找一处风景优美的海边，或者到乡间别墅安度晚年——这是许多人羡慕不已的。可是我过惯了紧张的战斗生活，不愿意坐着打发日子，何况我对祖国历史的兴趣并不因为年纪大了而衰减，反而更加强烈起来……于是我找到皇宫的领导，我说我一不要工资，二不要当官，只有一个请求，当一名保卫皇宫的警卫，这对一个老战士来说，也许是我对祖国做出的最后奉献了。”

鲁特科夫斯基的一番自白不禁令人肃然起敬。这位戎马一生的老战士，在人生的暮年实现了自己的夙愿。从他的身上，我真正懂得了波兰人，也似乎真正理解了波兰人民重修皇宫的深刻含意——这是饱经忧患获得新生的民族不屈不挠的象征，是对祖国一草一木的无限深情。我再一次看到波兰人民的爱国热忱是多么深沉，这不是停留在口头上的说教，更不是装饰门面的华丽辞藻，而是溶化在整个民族血液中的一种牢不可破的基因。

这样的民族是任何力量也无法征服的，难道不是吗?

弗龙堡，濒临波罗的海的一个小镇，哥白尼在这里度过他一生最辉煌的时期

弗龙堡教堂像一座古堡雄踞在山岗上，1948年作为波兰纪念哥白尼的第一个博物馆对外开放

华沙公园中的肖邦雕塑

克拉科夫是波兰旧都，青年时代的哥白尼在克拉科夫大学求学。图为著名的瓦维尔宫，是历代波兰国王的王宫

哥白尼的故乡托伦是维斯瓦河畔的历史古城

袖珍小国的风采

浮光掠影话小国

提笔写这篇文章时，突然想起很久以前的一件事。

半个世纪前的一天，我这个从小在山区长大的乡巴佬，随母亲乘一艘小火轮拖着的小木船，走了几天几夜，来到长江中游的一座小城。突然，我的幼稚的眼睛充满了难以理喻的惊讶：那高大的城墙，高大的楼房和宽阔的街道，使我恍若置身于童话的世界，这印象在我的记忆中非常之深。说也奇怪，这种童年的印象，事实证明并不是十分可靠的。随着年龄渐长，走的地方多了，再回到那长江边上的小城，我发现城里的楼房并不高，街道狭窄得可怜，只是那古老的城墙不见踪迹，估计也不会十分高峻雄伟吧……

我们之所以对一种事物感到惊讶和好奇，原因之一，恐怕是因为我们见到的事物和司空见惯的事物存在巨大的差异吧。

类似的经历有时还会重演，譬如在欧洲旅行，我对一些蕞尔小国颇感新奇，恐怕也是出于这样一种心理。虽然国家大小的划分也无定规，但是约定俗成的看法大体上是不错的。这里，需要特别表明的是，我对一些国土面积很小的袖珍国颇感兴趣，绝对没有一丝一毫大国之民的傲慢，相反，更多的只是对大千世界的多姿多彩充满强烈的好奇，如同用童稚的眼光观察世界一般。我渴望知道，这些如同弹丸之地的国家是怎样在局促的空间发展经济养活它的子民？也很想了解，在充满矛盾、钩心斗角的世界政治舞台，它们怎样在大国的夹缝中求生存？当然，如果有可能的话，各具特色的袖珍国，其悠久的历史和不同凡响的建国历程，以及独特的古代文明，同样是研究人类古文明历史不可忽视的一个方面。依我之有限的见闻，从人类文明发展史的角度去认识这些小国，至今似乎是被遗忘的角落，很少见到有关这方面的报道和系统的研究了。

当然，由于客观条件的局限，本书也仅限于浮光掠影地纪录一些粗浅的印象，我倒是期盼能够因此引起专家的赐教和读者的兴趣。

列支敦士登——莱茵河畔的小公国

告别了阿尔卑斯山中因特拉肯的湖畔雪峰，汽车沿着高速公路向瑞士东北方而去。

瑞士，号称“花园之国”，其景色用不着我来多加形容。古往今来，不知有多少游记作家用生花妙笔描绘过她的湖光山色、古堡小镇和恬静的山村。我曾向同行的朋友讲过我对瑞士的印象：瑞士人是用制造钟表的精神精细地打扮他们的国家，这话似乎可以表达我的感慨了。即如沿途所见的瑞士乡村，绿的田野随地形起伏而凸显柔美的轮廓，见不到裸露的土地，农田、牧场和郁郁葱葱的树林占满所有空间。偶尔瞥见的乡村小镇，尖塔高耸的教堂，四周散落幢幢造型典雅的房舍，那倾斜的大房顶，装饰的门窗，花朵点缀的阳台，笼罩着宁静安详的氛围。远处，时隐时现的阿尔卑斯山的银峰雪谷，肃穆地耸峙在一尘不染的天空，仿佛一幅幅色调明丽的油画。

瑞士是个小国，似乎是没有多少争议的，连瑞士人自己也不否认。然而当我们汽车不知不觉驶过一座横跨河上的公路桥，桥下即奔腾的莱茵河，视线中即刻见到与瑞士红十字国旗迥然不同的一面面国旗，在桥头堡，在接踵而至的建筑物上空飘扬，那是上蓝下红、左上角缀上一只金色王冠的国旗——说明我们闯入另一个国家了。

不错，这里是列支敦士登公国，它是欧洲极小的国家之一。

夹在瑞士与奥地利之间的列支敦士登，国土面积仅有160平方千米，居民约2.7万余人（20世纪80年代的数据，2015年数据为3.75万人），全国无军队，说它是袖珍国恰如其分。我们越过不设防的国境线，不多一会儿即抵达列支敦士登最大的城市——首都瓦杜兹，这座全国的行政、商业中心仅有居民5000人，充其量只能算我国的一个乡村小镇。除了瓦杜兹，该国约有30个村镇。最小的村子只有20~30人。

瓦杜兹虽小，风物并不单调。举目四望，周围群山起伏，山势高峻秀美，远山的峰巅冰雪耀眼，在初夏的阳光下分外夺目。群山之间是面积颇广的河谷平原，绿色的山坡和田园遍布刚刚抽芽的葡萄园——这里的葡萄酒酿造业是很古老的。列支敦士登是个山国，地形在很小距离内却也变化多端。其东部多为起伏的山地，与奥地利接壤处山峦蜿蜒，谷涧纵横，著名的山峰有三姐妹峰（2052米）、库格拉特山（2123米）、奥格斯滕山（2359米）及南部的法尔克尼斯峰

（2562米），群山之间是大大小小景色美丽的山间谷地。咫尺之间，峰峦叠嶂，林壑幽美，兼有寂静的山林，奔腾的山泉。山林之间，点缀着野花怒放的牧场，山间小块的农田和牧人的小屋，洋溢着浓郁的田园风光。故而为旅游业广拓了四方游客。

列支敦士登的国土方寸之间，不仅有起伏的群山，也有广阔的平川。上莱茵河自北而南，成了与瑞士的“楚河汉界”，天然的一道国界河。河面不宽，仅50余米，但河谷却有3千米宽，堤坝之外便是土质肥沃的农田，适宜发展农业，又兼交通便利，一向是人烟稠密之区。列支敦士登人于是因地制宜发展了小规模的农耕畜牧，农产品以玉米、马铃薯、大麦为主，家畜有牛、猪与绵羊，奶制品加工、酿酒、养蜂都是乡间古老的行业。

列支敦士登的土地十分珍贵，连首都瓦杜兹家家户户住宅周围都是一簇簇果树，或是小块葡萄园或菜园，小的村庄更是如此。特别值得一提的是，列支敦士登的农民擅长培育种畜，他们培育的纯种瑞士牛和畜产品大批出口，带来了很可观的收入。

步入瓦杜兹，小镇规模不大，从城的这端可见到另一端，但它的建筑档次和设施却是现代化的。街道不宽，只有一条主街和纵横相交的几条支线，两旁的楼房多是2～3层，4层以上的屈指可数。楼房说是商店，多数的外观造型更像家居，大多是底层开店，楼上住家或辟作他用。只有毗邻的几家旅馆和政府办公楼颇有气派，其中最具规模的是宏伟的邮局大楼。世界各国的集邮爱好者很少有人会不知道，列支敦士登的邮票非常有名。虽是在维也纳印刷，也由奥地利艺术家设计，但取材于列支敦士登历史、名胜、风景、民俗、艺术的邮票，受到集邮爱好者的青睐。邮票业在该国收入可观，每年发行的全套邮票，各国的固定邮购订户就达到10万户左右。仅邮票收入一项，就占该国财政收入的四分之一。

坐北朝南的瓦杜兹邮局大楼，几乎是每个外国游客乐于光顾的场所。我发现，旅行团的大巴士刚抵市区的停车场，许多游客便竟相打听邮局大楼的位置，然后蜂拥而至。瓦杜兹邮局大楼的营业厅宽敞明亮，不仅免费提供印刷精良的列支敦士登邮票目录，还免费赠送以介绍新邮票为画面的明信片，这也是促销的一种手段。因此，游人至此，纷纷索取明信片，抓紧时间给自己的亲人写信，也算是到此一游的纪念吧。集邮的人们则纷纷解囊，搜罗颇具特色的各色邮票。

漫步瓦杜兹街头，行人寥寥，环境幽静，偶尔有汽车匆匆往来。花坛绿篱点缀的商店以出售旅游工艺品居多，酒吧、餐馆、银行随处可见，这些都是为旅游者提供服务的设施。列支敦士登旅游业很发达，有好几处高山疗养地，位于风景优美的山区。旅游服务业是其经济的支柱产业，从业人数占全部就业人数的12%以上。特别值得指出的是，这个缺乏自然资源，几乎没有什么矿产的小国也像它的邻国瑞士一样，发展了高科技附加值的金属加工、精密仪器、电气设备、制冷设备、化工以及食品、纺织业。查安是该国的主要工业区。全国近一半的劳动力从事工业生产，使得列支敦士登成为高度发达的工业国，出口产品有机器、运输设备、金属制品、化工产品和一般工业品，主要出口瑞士、欧共体和其他发达国家。应该提到的一点是，列支敦士登的工业企业都不大，一般只有工人30~50人，超过200人的就是大企业了。但机械化程度高，产品质量高精尖，全部出口。像一家仅有50名工人的假牙工厂，年产假牙6000万颗，畅销世界许多国家。这个不足3万人口的国家人均年产值（20世纪80年代的数据）达到2万美元以上，这不得不令人刮目相看，也是值得研究的。

瓦杜兹城东，几乎贴着繁华的街区，一道林木苍翠的山区拔地而起，山不算太高，却非常陡峻。站在城市的任何位置，仰望山巅，可以看见一座城墙环抱的城堡巍然屹立。城堡四周有雉堞拱卫的瞭望塔和炮眼，城堡由几组毗邻的楼群连为一体，居高临下，俯瞰全境，地势十分险要。这座名为瓦杜兹城堡的主人即统治列支敦士登的君主——1984年以前是公爵弗兰茨·约瑟夫二世，现在是他的长子汉斯·亚当公爵。

列支敦士登是个历史悠久的古国，是古代罗马帝国的一部分。公元5世纪，日耳曼阿勒曼尼人进入该地区定居，成为列支敦士登人的祖先。中世纪德意志国王建立的神圣罗马帝国时期，欧洲的许多国家和地区如德意志、奥地利、意大利北部和中部，捷克、法国东部、荷兰、瑞士均纳入神圣罗马帝国版图，小小的列支敦士登只是帝国的一个诸侯的采邑，即1342年建立的瓦杜兹伯爵的领地，1396年得到神圣罗马帝国皇帝册封。当时，神圣罗马帝国中央权力衰落，帝国内部出现许多独立的封建领主，诸侯割据，各自为政。列支敦士登便是在这样的历史背景下形成。1434年瓦杜兹伯爵的领地和另一个施伦堡伯爵的领地合并，这就是今日列支敦士登的版图的雏形。两个领地又分别于1699年、1712年让给了公爵、列支敦士登的约翰·亚当。1719年，奥地利君主、德意志神圣罗马皇帝查理六世封瓦杜兹和施伦堡的领地为公国，以公爵的姓氏列支敦士登为国名。这便是这个欧洲小国的由来。1921年列支敦士登制定了君主立宪制的宪法，并在此之前明确永久中立。

正是这样的历史渊源，列支敦士登的官方语言是德语，与瑞士东部的德语区相似。它和瑞士的关系至为密切，市面流通的货币是瑞士法郎，两国订有关税同盟。列支敦士登有15名议员组成的议会，政府由正副首脑和3名顾问组成，但它的大部分外交事务由瑞士代理，这也是从本国国情出发做出的决策吧。试想，倘若列支敦士登也效仿世界上的大国，向各国首都派驻使节，维持庞大的外交机构，怕是全国居民倾巢出动也无法应付。所以，他们不循常规，索性把外交事务托友好邻邦代劳，既节省了国库开支，又减少了麻烦，倒是一心一意把本国的事办好，这也是小国的治国之道。

列支敦士登有许多特殊之处：它没有一所大学，但全国没有一个文盲，教育普及率达100%；它没有军队，社会秩序十分安宁；它没有机场，只有18千米过境铁路，却与世界各国有着非同寻常的经济联系，全部工业产品出口；它没有自己的货币，却是世界金融中心，银行业高度发达。一个并非秘密的商业秘密早已为世人所知，这就是世界上许多大财团、大企业都在列支敦士登注册登记，设立了分支机构，以享受这里的优惠政策，不必缴纳所得税和营业税。但列支敦士登的法律规定，外国公司要进行登记，必须由列支敦士登公民充当代理人，所以，在列支敦士登律师是最吃香的行业。至于列支敦士登，从这些外国公司收取的资本税，就是一笔相当可观的财政收入。这也是小国的生财之道吧。

“山中之国”圣马力诺

当我告辞上莱茵河畔的瓦杜兹，向这个静谧的群山起伏的山国投去依依惜别的目光时，我的脑海里突然闪出一个怪念头：你能说列支敦士登是个微不足道的蕞尔小国吗？

我承认，我一时间对大国小国的概念模糊起来——固然，我们通常是以国土面积的大小和人口的多寡区分国家的大小，但是这个尺度不是有点过时，过于简单化了吗？

我在列支敦士登的访问谈不上深入，仅仅是浮光掠影罢了。然而这个仅有160平方千米的面积、不足3万人的多山小国，即使找遍每一寸土地，也没有可供开采的矿床，土地又是那样贫瘠稀少，但是他们却以坚韧的劳作和聪明智慧向境外出口大量高质量的精密仪表、机械产品、化工、医药产品，摆脱了贫穷，被人誉为高度发达的工业国，这是多么了不起的成就。我眼中的列支敦士登并不是无足轻重的小国，而是依靠自己的创造力发展壮大的巨人。在某种意义上，他们创造的经济奇迹，比起一些幅员辽阔、资源丰富的大国，无论是付出的努力还是遇到的困难，恐怕都要大得多。

在这篇文章里，我请有兴趣的读者继续我们的旅行，去寻访另一个更小的袖珍国吧。

执笔写这篇文章时，正是北京挥汗如雨的盛夏时节，我不由得想起意大利的夏天也是酷热难耐，骄阳似火。地处南欧的意大利，气候类型不同于西欧、北欧国家，而是非常特殊的一种气候类型，气候学分类称作“地中海气候”。它的典型特征是夏季干旱少雨，气温很高，冬季则是温暖多雨。因此一到夏天，意大利人纷纷到海边度假，连一些政府部门和企业也照例放假休息了。

记得在佩斯卡拉度过的那个闷热的夜晚，热烘烘的海风令人难以入睡。旅馆临街，喧嚣的噪声和终夜不停的爵士乐的旋律钻进耳膜，更加教人五脏燥热。只是到了天快拂晓，暑气消散，疲惫不堪的我昏昏沉沉地睡了过去。可是梦还没有做，催促起床的电话就在床头发疯似的叫了起来。

也许是连日闷热的缘故，当我们驱车从佩斯卡拉出发不久，天空阴云密布，空气顿时凉爽起来。蜿蜒的高速公路渐渐爬高，向山区而去。眼前雨雾蒙蒙，继而豆大的雨点像敲鼓一样打在汽车的钢壳上，叮当作响。好一场及时雨！

在蒙蒙细雨编织的纱幕中，我竟不知不觉闯入了一个小小的袖珍国——圣马力诺。这是亚平宁半岛北部的一个山中之国，山麓设有边防站，那里就是国境线了。游客只需交一点入境费，载着我们的汽车大摇大摆地长驱直入，向着云雾缭绕的山顶驶去。

与列支敦士登稍有不同的是，圣马力诺是个周边仅与意大利接壤的国家，可谓是“国中之国”。它的中心部位是海拔739米的蒂塔诺山，向西南方向是起伏的丘陵，东北方向地势稍平缓，向亚得里亚海的滨海平原倾斜。整个国家分布在以蒂塔诺山为中心的山坡上，境内还有几条小河，如马拉诺河、圣马力诺河和奥萨河。

圣马力诺比列支敦士登还要小得多，面积仅61平方千米，全国人口为2万余人（2012年10月数据为3.244万人），人口密度比起意大利还要高得多。从它的东北端走到西南端是最长的距离，也仅有12.8千米，东西宽8.75千米，国境线总长只有39千米，即使周游全国也花不了多长时间。

我们来到与国名同名的首都圣马力诺。当汽车盘旋而上来到山腰的停车场，迎面是一道从山脊蜿蜒而下的城墙，雉堞交错，气势不凡。城墙在登山公路留有半圆形的门洞，汽车不得入内，游人至此下车步行。从门洞进去，便是依山而建的圣马力诺城区了。

圣马力诺给人的印象不像一个城市，更不像一个首都，而是年深日久、雄伟无比的古城堡。不仅如此，进入门洞之内，如同穿过时间之门进入古老的中世纪，光怪陆离的现代社会信息统统阻挡在城墙外面去了。

这种特别鲜明的时代差异，恐怕是每个初来乍到的人都会感受到的。圣马力诺城建在相当陡峭的蒂塔诺山的几级山坡台地上，3座毗连的山峰屹立在城堡要塞，在飘逸的雨幕中更显得雄奇非凡；沿山脊走势，古城墙和高耸的瞭望台高低盘亘，势若游龙。这些历经风雨坚若磐石的城墙要塞是圣马力诺的民族精神的象征，记录了圣马力诺人在漫长岁月捍卫国家主权的光辉历史。有人说，蒂塔诺山的3座屹立古堡的山峰，如同海神波塞冬手中的武器——三叉戟，直指蓝天，威风凛凛，捍卫着圣马力诺的独立与自由，所以它的形象已经光荣地镶嵌在圣马力诺神圣的国徽上。

圣马力诺的建筑不论是庄重的公共建筑还是老百姓的民居，都有着鲜明的地方特色，始终保持中世纪的古老情调。城虽小，却极具小城的宁静、山城的多姿和古城的文化氛围，这三者相得益彰，和谐结合，体现出古朴的民风。城中没有通衢大道，也没有车水马龙的街景，只是狭窄的石头铺就的小巷，依山而筑的石阶，导引着寻幽探胜的游人。从路旁的陡崖向下窥望，那里石阶通达下面一级台地，巨石垒墙的老屋，红瓦的屋顶，以及石块铺地苔痕斑驳的小小天井，傲视时光的流逝，仍然保持古老的氛围。这是圣马力诺很典型的古老民居。仅有的几条商业街同样也是这般古香古色，石砌的房屋高大坚固，临街的店面整洁而不凌乱。没有招揽顾客的吆喝声和喧闹的噪声，性情沉静的圣马力诺人做生意也是很沉稳的，细声细气，彬彬有礼。商业街以出售旅游纪念品居多，尤其是圣马力诺的特产——陶器、彩色石雕品和邮票最受游客欢迎。

再往上走，眼前豁然开朗。山坡辟出平地遍植花木，点缀着水池、喷泉和小亭，令人赏心悦目。我注意到亭中的浮雕是关于该国创始人马力诺的故事，这是很令人感兴趣的。这一片山中园囿的后面，是圣马力诺的重要建筑，其中一幢3层古堡式建筑是圣马力诺最高权力机构——国民宫，前面是白石铺的广场。每逢新的国家元首——执政官就职仪式，都在这里举行传统的隆重庆典。按圣马力诺法律规定，国家元首由两名执政官担任，任期只有半年，且不能连任。所以这样的庆典每年举行两次，分别在4月1日和10月1日举行。这也是圣马力诺一个吸引游客的节目。

站在蒂诺塔山巅，如果是天晴日朗，圣马力诺全境秀丽的山川尽收眼底。可惜我来之时云海茫茫，远山隐没，视线之内，峰峦起伏、峭岩屹立的地势勉强可辨罢了。圣马力诺虽是小国，与列支敦士登相似的是，其地理景观却也多彩多姿。咫尺之间，有陡峭的山峦，平缓的丘冈，小块的平地，兀立的峭崖，其间有古香古色、与世隔绝的村镇，以及一簇簇橡树林、栗树林，一块块高低错落的果园、葡萄园分布的山谷。圣马力诺有10个大的镇子，首都以北的马焦雷镇是全国最大的商业中心，居民点30多个，全国有200多千米的公路，连接着各个村镇。不过，就一个国家来说，上帝赐予它的人民的却是一块非常贫瘠的土地。

这个满山杂树、怪石嶙峋的蒂诺塔山唯一的出产是它的躯体，那就是开山凿石作为最原始的建筑材料。圣马力诺的诞生就是与一个石匠的名字连在一起的。相传公元3世纪末，一个名叫马力诺的石匠为了反抗封建主的压迫，从达耳马提亚群岛的阿尔贝岛渡海来到蒂塔诺山，隐居在岩洞中，不久又有更多的人投奔马力诺，其中很多是因遭受封建主和宗教裁判所的迫害而逃亡的人们。他们结为自由石匠公社，在环境艰苦的蒂塔诺山开山凿石，营建房屋，开辟农田，种植放牧，终于形成了最早的居民点，并逐渐发展成欧洲最古老的共和国。为了纪念石匠马力诺，国名就以这位创始人的名字命名为圣马力诺。

圣马力诺从公元301年建国以来到今天，始终保持着山民纯朴、勤劳、吃苦、坚强的禀性，他们以这样的精神经营自己的土地，同样也以这样的精神捍卫自己的独立和尊严，这是我为之深深感动的。

1600多年来，圣马力诺就在这样贫瘠的山区发展自己的经济。农业始终是立国之本。靠山吃山，每一寸可耕的田地都精心地利用起来，开辟了大大小小的葡萄园、果园和农田牧场。林地和农业耕地占全部领土的93.7%，土层瘠薄的山上，甚至连陡峭的山崖也在岩缝里种上油橄榄树，用来榨取上等的橄榄油。不管走到什么地方，你都可以见到一簇簇、一片片果树林，桃、无花果、梨、李、苹果、杏、欧洲板栗等竞相吐芳，硕果累累。农作物以小麦、玉米为主，还有规模不小的畜牧业，牛、羊、猪的饲养集约化程度高。用当地培育的麝香葡萄酿造的葡萄酒享有盛名，是酒中佳品。

至于工业，历史并不长。圣马力诺最古老的行业是开山采石，向意大利出口建筑材料，另外还开采硫黄，供给意大利的化工厂作原料，产量每年仅500~600吨。其他的工业主要是农产品加工和家庭手工业，后者以生产彩釉陶器等旅游小商品为主。但总的来说，他们像世代生活在山区的农民，辛勤劳作，本本分分地安于简朴的生活。圣马力诺对意大利的依赖性很大，电力全部要从意大利输入，许多生产用品和工业品也需进口。它本身的出口产品仅有建筑石料、陶器、羊毛制品、酒、家具、卫生设备，另一种重要的出口产品是邮票，它与列支敦士登一样，以精美的邮票供各国集邮者收藏，因而邮票收入成为国家一项重要收入。此外，对于这个小国来说，旅游业及其相关的服务业也是国家的重要财源。圣马力诺每年接待来自世界各国的游客多达350万人次。古老的山国，悠久的文化，纯朴的民风，是他们引以为豪的一笔宝贵财富。

如果说圣马力诺人千百年来始终保持自己的民族特色是值得称道的，那么，这个蕞尔小国在弱肉强食的历史舞台上，始终坚强不屈，全民同仇敌忾，抗御外来侵略，维护了自己的独立与主权，而没有亡国灭种，恐怕更是令人肃然起敬。在中世纪的漫长岁月，从罗马教皇、枢密主教以及邻国的封建贵族首领，很多人都打过圣马力诺的主意，企图将它从地图上抹掉，变成自己的一块领地。然而，历史一次又一次地教训了贪婪的侵略者，使他们的如意算盘没有一次不以失败而告终。巍峨的蒂塔诺山的每座山峰，以及圣马力诺的每块石头都可以作证，每当外族入侵，圣马力诺人不分男女老幼，人人都自动地参与保卫祖国的战斗，以蒂塔诺山的古堡城墙为屏障，同敌人展开殊死搏斗。所以圣马力诺流传着这样的故事：一个入侵的雇佣兵队长在败退时沮丧地说："这个国家简直像个钉子，会把你的喉咙卡住。"

圣马力诺不仅誓死捍卫自己的独立与自由，在历史上，这小小的山国还是追求光明与自由的人们的避难所。圣马力诺人至今引以为豪的一件重大历史事件，是1849年接待了被奥地利军队追击走投无路的加里波第统率的军队。当时，正值意大利反抗奥地利统治、争取民族独立和统一的资产阶级革命运动爆发，杰出的意大利革命家加里波第率军从罗马出发向威尼斯进军，陷入奥地利军队的重重包围之中。就在加里波第的军队遭到重创几近全军覆没时，圣马力诺人不顾自己可以预料的灾难，敞开城门，允许加里波第的军队入境，从而使加里波第得以脱险。因此，对于圣马力诺人的这一高尚行为，历史学家认为，圣马力诺援救了加里波第，也就是拯救了意大利。如今，在圣马力诺首都建有加里波第纪念碑和以加里波第的名字命名的广场，设在瓦洛尼宫内的国家博物馆专门辟有一间加里波第陈列室，珍藏着加里波第的剑、信函、战刀、用具以及第一意大利军团的印信、武器和旗帜等文物。圣马力诺人在这一历史事件中表现出来的正义感和不顾自身安危热心助人的民族精神，是值得后人永远敬仰的。

圣马力诺人像蒂塔诺山一样是威武不屈、宁折不弯的，他们是硬骨头。相传不可一世的拿破仑占领意大利全境后，打算收买圣马力诺，许诺将意大利的几个省划给圣马力诺，然而遭到圣马力诺执政官的婉言谢绝。这位可尊敬的执政官说：“别人的东西我们不要，我们这个共和国安于自己的清贫！”

真是掷地有声，“富贵不能淫，威武不能屈”的民族传统使圣马力诺人赢得世人的尊敬。

我想，这也正是世界各地的旅游者不远万里，纷纷来到圣马力诺一睹风采的原因吧。

圣马力诺一景

梵蒂冈：徜徉在艺术的殿堂

世界上的泱泱大国，大自然的瑰丽多姿和独具特色的人文景观是不言而喻的。但是，那些国土狭小、人口不多的袖珍国，也自有其富有魅力的风采。这就是为什么人们对那些小国情有独钟的缘由吧。

介绍了欧洲的列支敦士登、圣马力诺这些蕞尔小国之后，我想有必要和读者们一道去访问一个世界上堪称最小的袖珍国，因为它有许多与众不同之处。

这个国家，只是一座规模恢宏的宗教建筑群；

在我的眼里，这更像一座巨大的艺术博物馆；

但是，它确实是一座非同凡响的城市；

然而，它实实在在是一个“麻雀虽小，五脏俱全”的国家。

我想，不用我点明，读者也会猜得出来，这就是位于意大利首都罗马的城中之国——梵蒂冈。

在罗马城西北角的莱奥尼纳城，沿着一条名叫和约街的宽阔大道西行，一直走到大街尽头，视野顿时开阔。这里，吊着铁链的水泥墩子和木头栏杆象征性地摆在街口，鱼贯而入的八方游人只能从敞开的通道进出。虽然没有边防警察找你的麻烦，但是，无论如何，你从这里开始，已经进入一个国家的疆土了。

这里，即梵蒂冈的边界。在和约街的尽头，展开了一幅宗教气氛很浓的画面。迎面，气势不凡的圣彼得广场，以340米长、240米宽的尺度，在楼房林立、古色古香的城区拓展了一片开阔的空间，使人顿觉眼界大开，心胸也为之开朗。不仅如此，向西望去，椭圆形广场中央，一座41米高的埃及方尖塔拔地而起，像一柄利剑指向蓝天，左右各有喷泉——这座质量为320吨的方尖柱立在4个狮子拱卫的高大底座上，据传是公元37年由埃及掠来的。广场的两翼，是各有148米长的圆柱回廊，这是世界上最漂亮的柱廊，88根巨型石柱和284根圆柱，柱顶加盖，顶端屹立形态各异的142尊圣徒雕像，本身就是令人叹止的雕刻艺术画廊。广场两翼的双柱回廊与广场西端高耸的主体建筑、全世界最大的教堂——圣彼得大教堂连为一体，既拱卫着圣彼得大教堂，又如伸出的双臂，拥抱着从四方拥入广场的人群，其宗教的寓意在建筑的构思中得到完美的体现。

穿过圣彼得大广场西行，拾级而上，便是由高大的大理石廊柱托起的中间大、两旁小的3座巨大圆屋顶构成的圣彼得大教堂，长约200米，最宽处130多米，从地面到大圆屋顶顶尖十字架的高度达137米，可容纳5万人之众。那穹状的屋顶高耸天际，在罗马城的许多地方都可眺望它的雄姿。

圣彼得大教堂的外观雄伟，但它内部华丽堂皇，已非语言文字所能准确地加以描写。人类丰富的语言辞藻在它五彩缤纷的彩绘玻璃窗、雕塑精美的圣像和金碧辉煌的圣坛面前，显得相当苍白贫乏。我读过不少有关圣彼得大教堂的介绍文字，深有这样的感觉。你在这里所能感受得到的是静谧的、激发想象的宗教氛围；你也能领略人类的艺术创造力所能达到的尽善尽美的境界；而当你流连徘徊于一个个自成格局的厅堂之间，欣赏那些造型完美的雕塑、圣器与融成一体的廊柱时，你还可以体会到天主教教廷的富有与奢华。圣彼得大教堂不是某个建筑大师的作品，而是文艺复兴时期许多彪炳史册的艺术家付出毕生心血的共同结晶。大教堂门前长廊的廊檐下，有文艺复兴初期著名的画家乔托的镶嵌画。按东西向，教堂内分5个长廊大厅，彼此由四方巨柱相隔，中央大厅为两旁廊厅的一倍，地面用光滑的斑岩铺成。教堂里的母爱小堂，陈列着米开朗基罗的不朽作品——雕塑“母爱”。创作这件作品时，米开朗基罗年仅24岁，雕塑表现的是圣母抱着将要死去的儿子——耶稣的悲伤与无奈，然而米开朗基罗在处理这样的宗教题材时，已将人们心目中的神变成活生生的人，着力刻画人的情感。依我看来，这也许是文艺复兴时期艺术辉煌的原因吧。教堂大厅上的穹形大圆屋顶，是米开朗基罗晚年的作品，直至他死后26年才由其他建筑师继续完成。圆顶的内壁饰以色彩鲜艳的镶嵌画和玻璃窗，高处繁星点点，宛若天穹，以建筑的艺术处理手法营造了天堂的缥缈意境，但它的外观却像是教皇头上的一顶皇冠，也许这正是最初设计的宗旨吧。教堂大厅中央，一座金碧辉煌的华盖，出自著名建筑大师和雕刻家贝尔尼尼之手。这座29米高的巴洛克式装饰性建筑，底下则是耶稣门徒——圣彼得的陵墓及祭坛。相传，耶稣的大弟子彼得于公元64年被尼罗皇帝处死。人们为了纪念他，在他的墓地修建了一个简易教堂。圣彼得大教堂即在此基础上重建的，它于1450年兴建，1626年最后完成。

1984年5月14日，联合国教科文组织将梵蒂冈列入世界文化遗产的清单。在《世界文化遗产名录》中，梵蒂冈不仅是教皇宫廷，它的价值更多地体现在荟萃了众多的著名建筑物和价值连城的艺术珍藏。历代著名的建筑师、雕刻家、画家以及金银、玻璃、马赛克、木匠等各种行业的能工巧匠，以他们的智慧才华，共同缔造了这座精美绝伦的艺术宝库。

关于梵蒂冈收藏的艺术品，用富甲天下形容恐怕一点也不为过。要详细介绍它们，大概可以出版几百卷书。有人曾说，没有梵蒂冈博物馆，西方文明是不可设想的。这话虽然不免夸张，但也有一定道理，因为单是文艺复兴时期最辉煌的艺术代表作，除了梵蒂冈的收藏，世界上恐怕找不到第二处可以与之相比了。

梵蒂冈是与许多世界级艺术大师的名字分不开的。其中许多大师几乎是毕生为梵蒂冈服务，为人类留下了珍贵的文化遗产。

首先要提到的是创立巴洛克雕刻艺术风格的贝尔尼尼（1598—1680）。这位天才的意大利雕刻家、建筑设计家、画家，一生在梵蒂冈留下了他的许多不朽作品；圣彼得广场的圆柱回廊，圣彼得大教堂中心的教皇祭坛和圣彼得祭坛，都是贝尔尼尼的得意之作。他还设计重建了圣彼得大教堂柱廊通向梵蒂冈罗马教廷的甬道。其中圣彼得祭

米开朗基罗《哀悼基督》

坛上面的装饰性建筑，是一座高10米的巨型青铜龛堂，被誉为巴洛克艺术发展的里程碑。

意大利文艺复兴鼎盛时期杰出的代表人物米开朗基罗和拉斐尔，都是为梵蒂冈增光添彩的大艺术家。米开朗基罗（1475—1564）不仅为设计圣彼得大教堂的圆形屋顶呕心沥血，在梵蒂冈博物馆的西斯廷堂，他根据《旧约全书》的创世纪篇，在800平方米的天花板上，完成了九幅巨画的天顶画，画中共有340多个人物。这幅光彩耀眼无与伦比的杰作是米开朗基罗于1508年至1512年用4年时间完成的。西斯廷堂中米开朗基罗的另一幅壁画《末日审判》，高20米、宽10米，画于1535年至1541年。这时的米开朗基罗已是60岁高龄的老人。据说米开朗基罗为了完成天花板上的壁画，经年累月仰卧在画架上，以致这位乐观的艺术家的性格也变得郁郁寡欢了。

与米开朗基罗同时代的大画家拉斐尔（1483—1520），1508年应教皇朱理二世的要求为梵蒂冈宫绘制大型装饰壁画，这就是梵蒂冈博物馆和拉斐尔画廊的拉斐尔馆的许多巨幅壁画，其中最著名的是《圣礼的辩论》和《雅典学派》。《圣礼的辩论》是拉斐尔在罗马创作的最大的一幅壁画，内容是表现上帝、天使和各种宗教人物在天堂的情景，与它对面墙上的《雅典学派》则是表现以柏拉图、亚里士多德为中心、代表不同知识领域的众多哲人热烈辩论的场面。这些作品已成为文艺复兴时期艺术达到登峰造极的象征。今天许多游人前来参观梵蒂冈博物馆，多数是来观赏这些空前绝后的艺术杰作的。我和许多人站在米开朗基罗和拉斐尔的巨幅壁画面前，仰首眺望那天花板上面花团锦簇、栩栩如生的诸神造像，心灵不能不为之震撼。我想，此画只应天上有，怕是再不会有超越他们的艺术家了。

梵蒂冈博物馆里面馆中套馆，迂回曲折，历代教皇及教廷收藏的艺术品、工艺品以及与教会有关的金银古玩分门别类藏于许多馆中，构成了一个庞大的博物馆群。除了最负盛名的绘画馆外，还有收藏雕刻作品的庇护——克雷芒博物馆，收藏意大利中部伊特鲁里亚南部（当时是教皇国一部分）出土的金、银、青铜、象牙等工艺品、陶器的格列高列·伊特拉斯坎博物馆，埃及博物馆，教皇传教士和民族学博物馆，基督教美术馆以及档案馆等。

梵蒂冈，说它是艺术的殿堂，恐怕不算过分。

梵蒂冈的全称是梵蒂冈城国。这个由圣彼得广场、圣彼得大教堂、教皇宫、博物馆、花园、办公楼以及几条街道组成的国家，有一道列昂四世城墙和其他建筑物构成的边界。城区大致呈三角形，东西长1045米、南北宽805米，面积仅0.44平方千米，和北京的故宫差不多。此外，在国境之外的罗马还有几块“飞地”，包括罗马东南的教皇夏宫和梵蒂冈附近不远的圣约翰拉特兰大堂、圣母玛利亚大堂等建筑与机构。梵蒂冈的人口，有的资料说是1000人左右，有的说仅有684人，其中拥有梵蒂冈国籍的公民仅358人。因为按梵蒂冈有关国籍的规定，只有在梵蒂冈永久任职或永久居住的人，才能拥有国籍，一旦离开就会自动失去公民权。不过，拥有国籍是一回事，在梵蒂冈服务的人——从高级神职人员到下层的看门人，至少也有1000人。

梵蒂冈是个名副其实的小国，弹丸之地，既无巍峨的山脉，也无一条河流，谈不上很有特色的景观，仅仅是一些不同用途、不同风格的建筑群体的组合而已。然而若想窥探它的秘密，洞悉小国的内幕并非易事。在它的殿堂宫苑和楼群之间，笼罩着神秘的氛围。

我曾两次访问梵蒂冈，也仅仅是窥豹一斑，皮毛地了解它的一些表面。我对于这个天主教教廷的所在地，所知有限得很。

梵蒂冈与众不同的是，任何人都不能在它的境内拥有地产，即使你是亿万富翁，想在这里购置房产、买卖土地，那也是绝无可能的。因为梵蒂冈是属于教廷的财产。

虽然是蕞尔小国，梵蒂冈自有一套特殊的行政管理系统。教皇是梵蒂冈城国的国家元首，集立法、行政、司法三权于一身。由教皇任命的管理委员会行使立法与行政权力，以国务卿为首的国务秘书处（又称教皇秘书处）受理教皇委托的一切事务。总秘书处及下属的事务局，分别管理涉及总务、人事、治安、新闻、计划、建筑、经济乃至梵蒂冈的卫生、电话及各博物馆等机构的管理。宗教公共事务委员会秘书是国务卿的助手、掌实权的外交部部长，负责梵蒂冈的外事活动。梵蒂冈的触角，正是从这块方寸之地伸向世界许多地方和国际组织。它的司法权由一名教皇委任的法官代理，并设有初审法院、上诉法院和最高上诉法院。

像任何主权国家一样，梵蒂冈发行货币与邮票，它的印刷精美的邮票主要供集邮者收藏。梵蒂冈设有广播电台，用33种语言对外广播。一份创办于1861年的《罗马观察家报》是梵蒂冈的官方喉舌，并出版《教廷文汇》等刊物。在它的境内市政厅附近有梵蒂冈火车站，与意大利铁路相连；梵蒂冈山顶有直升机场。除此之外，这个国家既无工业，也无农业，所有消费品都从意大利输入，是一个不从事工农业生产的国家。

关于梵蒂冈城国的经济来源，对外界来说始终是个谜。梵蒂冈的官员们在涉及该国的财政问题时总是保持缄默。据说梵蒂冈在许多国家有大量的地产和投资。在意大利的各个经济部门，特别是银行金融系统和不动产方面，梵蒂冈都有相当实力。世界各地天主教教徒的捐赠也是其经济收入的来源之一。

还需要提到的一点是，这个小国还有一支武装力量。与它的人口相比，这支武装力量颇具规模，这是由教皇统率的瑞士卫队。它的全部兵员来自瑞士，满员时约100人，负责保卫教皇和教皇领地。这些瑞士兵身穿文艺复兴时期设计的深蓝和橘黄两色相间的条纹制服，手持古代兵器，从而构成了梵蒂冈一道有趣的风景线。

最近一次去梵蒂冈参观，阳光和煦，蓝天如洗，巍峨的圣彼得大教堂的穹顶高耸天际，教堂顶上及贝尔尼尼回廊顶端一排站立的诸神雕像和广场上高大的圣彼得雕像栩栩如生，好似他们在天堂之上俯瞰大地的芸芸众生。偌大的圣彼得广场人头攒动，四面八方涌入的不同肤色的人群，有的结伴从教堂门前的石阶拾级而上；有的坐在埃及方尖碑的影子里仰首眺望；在贝尔尼尼回廊的石柱下，三三两两的人在那里小憩，或者举起摄像机猎取镜头……这里洋溢着安宁、和平甚至有点净化心灵的圣洁气氛，使人在阳光的温暖中陶醉不已。

然而，当我在圣彼得大教堂的神龛之间和地下的历代教皇墓地徘徊时，我却不由得想起一些难以拂去的记忆，这些记忆并非是那么甜蜜，相反却令人心头如堵，压抑得喘不过气来……

好些年前，我在波罗的海海滨的一个乡间小镇，访问了波兰伟大的天文学家哥白尼的故乡。那个宁静而美丽的渔村名叫弗龙堡。在村旁古老的教堂里当神父的哥白尼，终毕生精力观察日月星辰的运动规律，用了整整20年时间写出了划时代的天文学著作《天体运行论》。在这本书中，哥白尼第一次提出了“太阳中心说”，即“日心说”，推翻了千百年来被教会奉为金科玉律的“地球中心说”，这件载入科学史的事不用我来多加赘述。不过，我在参观时印象最深的是，哥白尼于1536年完成《天体运行论》后很长一段时间，一直不敢出版这部伟大的著作，因为一个可怕的黑影像幽灵一样在他的头顶盘旋，那就是罗马教廷为代表的教会势力。哥白尼深知，他的这一学说动摇了教会宣扬的理论体系，一旦问世，必定会招来杀身之祸。于是，哥白尼只好将《天体运行论》束之高阁。差不多过了7年，他的弟子将《天体运行论》送到纽伦堡出版，然后把这本揭示真理的著作送到哥白尼手中。伟大的天文学家这时已双目失明，生命垂危，他仅仅用手摸了摸书的封面，便与世长辞——这是1543年5月24日。

中世纪的欧洲，梵蒂冈是黑暗专制制度的象征。罗马天主教会残酷迫害一切与宗教教义相悖的进步思想，对科学的摧残达到骇人听闻的地步。建于13世纪的教皇异端裁判所便是教会镇压进步人士的专制机构。哥白尼有幸躲过了教会的迫害，但是布鲁诺的遭遇就没有那么幸运。人们不会忘记在罗马城内，有一个繁华的花市广场，广场中央屹立着一尊身着教士长袍的布鲁诺雕像。布鲁诺是16世纪的哲学家、数学家、天文学家，他坚持捍卫哥白尼的“日心说”，并提出宇宙无限的观点，因而触怒了教会势力。1591年布鲁诺回到意大利，当即被罗马教廷的调查委员会逮捕，教皇克莱芒八世亲自下令将他处死。1600年2月8日，坚持科学真理的布鲁诺在罗马花市广场被野蛮地活活烧死。这在人类的文明史上留下了黑暗而悲惨的一页。

写到这里，我不禁想起英国作家、历史学家赫·乔·威尔斯对梵蒂冈的罗马教廷倒行逆施的绝妙讽刺。威尔斯写道：“正因为他们中间有许多人大概暗地里也在怀疑他们庞大和精制的教义结构是否统统健全，所以他们不容别人加以讨论。他们不能容忍别人的提问或异议，并不是因为他们对于所信仰的宗教有深切的信心，而正是因为他们没有信心。”“除了他们自己的知识以外，憎恨一切知识，并且完全不信任他们所没有审定和控制的一切思想。他们竭力抑制科学，显然他们是嫉妒科学的。除了他们自己的心理活动以外，任何别人的思想活动都被他们视为非礼。”（见人民出版社《世界史纲》）

梵蒂冈的教廷对科学的挑战，另一个出名的事例便是对著名科学家伽利略（1564—1642）的迫害。伽利略是现代科学的奠基人，意大利数学家、天文学家、物理学家。他不仅赞同哥白尼的日心说，而且发明了望远镜，通过天文观测的新发现，进一步论证了哥白尼学说的正确性。1615年，伽利略受到教会的警告，后来继任教皇的乌尔班八世蛮横地勒令这位大科学家必须放弃自己的观点。这时距布鲁诺惨遭火刑不过15年，伽利略慑于教会的淫威，只好三缄其口，以沉默来表示顺从。到了1632年，伽利略发表了《关于世界的两个基本系统的对话》，再次以无可辩驳的论据重申了哥白尼的学说。

大概是对伽利略死不悔改的顽固态度大为震怒，伽利略被罗马教廷宗教裁判所传唤到罗马，进行严厉的审讯，并处以8年软禁。在教廷的高压下，伽利略不得不在悔过书上签字。然而，这位68岁高龄的科学家痛苦地在所谓的悔过书上签字时，口中喃喃自语，留下了至今被人们传诵的一句名言："Epur si muove!"这句话的意思是"但它是动的"——地球还是在转动。

罗马教廷对伽利略的审判，企图用教会的强权压制科学思想的这一幕丑剧，当初表面上是教会赢了；然而历史是公正的，这一桩历史公案随着时间的推移，却将梵蒂冈为代表的罗马教廷永远摆在审判席的尴尬位置，成为历史鞭笞讥笑的对象。这大概也是那些专横的教皇们始料未及的。有趣的是，1979年11月，教皇约翰·保罗二世终于出来说话了，他承认伽利略被"错误地定罪"，要求教廷科学院对伽利略的案件“重新审查”。1980年10月，梵蒂冈宣布将重新考虑伽利略案件，并成立了一个委员会，研究伽利略学说对现代科学思想的贡献。1983年，梵蒂冈的罗马教廷正式向世人宣布：350年前宗教裁判所对伽利略的审判是错误的。经过了如此漫长的岁月，伽利略的冤案终于平反了。

阿奎那教堂

列支敦士登公国首都瓦杜兹

圣马力诺城墙

乘贡多拉逛水城之夜

威尼斯：水城之夜

傍晚，暑气消散了，临近大运河的圣马可广场上顿时人山人海，热闹非凡。老天也挺凑趣，飘来一阵如烟如缕的雨丝，大理石铺就的长方形广场刚好湿了地皮。从高耸云天的圣马可钟塔和广场东边金灿灿的大教堂飞来的鸽子，少说也有几百只，这会儿像是赶集，飞到从四方涌入的游客中间，大模大样地落在哇哇直叫的游人头上、肩膀上，或者干脆从他们的手心里啄食吃——广场有小贩专门兜售鸽子食，是一小包一小包的玉米粒。

广场的南北是一溜气势雄伟的老执政官官邸、新执政官官邸和马尔钱纳图书馆等建筑，南边的楼房底层是一家挨着一家的店铺，店铺前面宽宽的拱廊这会儿被挤得水泄不通。拱廊外头，有个小巧的露天乐池，面对着散落在广场上的咖啡座。我们在靠近乐池的咖啡座找到座位，各人要了一杯冰激凌，乐池那边忽然奏起悠扬的旋律，细听是门德尔松的《威尼斯船歌》。音乐真是人世间最绝妙的感情纽带，它冲破了语言给人类设置的障碍，也冲破了种族、肤色造成的樊篱，使素不相识的陌生人心灵相通。伴随着乐池里几名音乐家的美妙的演奏声，喧嚣的广场陡然像风暴过去的大海平静下来，长廊里和广场上漫步的游人驻足不前，屏声敛息。就在这时，一群性格豪迈的西班牙游客拼命地向音乐家鼓起掌来，音乐家们也心领神会，立即演奏《卡门》的“斗牛士之歌”。那些欣喜若狂的西班牙人脚底早已痒痒的，立刻拉着身边的舞伴，踏着激扬的旋律，在咖啡座之间的空地上飞旋起来，引来一阵喝彩和掌声。

旋转的舞步，飘飞的彩裙，忽起忽落的鸽子，忽高忽低的乐曲，使我神思恍惚，不知身在何处。不知不觉，威尼斯的夜幕悄悄地降落下来，遮盖了眼前的圣马可广场，遮盖了游人冷落的小巷，连那大运河码头边终日闹哄哄的摊点，也不知什么时候打烊了。

威尼斯之夜，宁静、深沉，听不见汽车的噪声。狭窄弯曲的街巷也只有很少的行人，巷子里的店铺早早地关门闭户，唯有临街的橱窗通宵亮着灯光，炫耀着五光十色的商品。

在一座隐藏在黑暗中的教堂前面，昏黄的路灯映照着石桥旁停泊的几艘“贡多拉”，过了桥，见几名等候顾客的船夫正在路灯底下聊天。送我们来的老板上前几步，把我们交给一个40来岁的船夫，又特地叮嘱了几句。

“放心吧，准保不会把你的客人丢了……”船夫笑道，他是个瘦高个子，黑色的衣裤显得十分潇洒，但是那顶“贡多拉”船夫特有的扎红绸飘带的黄帽子，他却没有戴，大概是夜色中无需如此累赘吧。

白天，我们从穆拉诺岛回来的时候，快艇也曾穿行在威尼斯曲折迂回的水道之间，那两旁临河而立的楼房和水中的倒影，以及那不时迎面而来的拱桥和浮在波涛之上的教堂，也曾给我留下难忘的美好印象。不过，如果容许我挑剔的话，白日里的威尼斯还是显得过于拥挤，过于喧嚣了。那大运河的开阔水面犹如车水马龙的通衢大道，运货的船只，摩托快艇的噪声，挤满游客往来如梭的大客轮，把这座水上城市特有的宁静打破了，甚至连那座座拱桥上人头攒动的情景，也令人觉得大煞风景。唯有此时，夜深人静，当我和克拉蒂阿面对面地坐着，在吱扭的橹声中滑向夜色正浓的河上，我才真正走进了梦一般的意境。

“贡多拉”的外形很像印第安人的独木舟，船体扁长，船首尖翘，极富流线型，通体漆成油光锃亮的黑色，叫人联想起我国精巧的漆器工艺品。那站在船尾的船夫轻轻摇动橹板，“贡多拉”即刻离岸像箭似的往前蹿去，那凝脂般的柔波轻轻荡起涟漪，轻巧得没有一点声响。不一会儿，眼前被黑暗笼罩了，“贡多拉”拐进夹在高楼之间的一条狭窄水道，环顾上下，没有月色星光，黑洞洞的楼房泄不出些微光亮，使人恍若置身于两岸山崖耸立的深山峡谷。

渐渐地，眼睛慢慢习惯了黑暗，加上水光的折射，方才看清这条水道犹如弯弯曲曲的长巷，“贡多拉”贴着墙根缓缓而行，遇到迎面过来的另一艘“贡多拉”，船夫只得扶着墙慢慢移动，两条小船才能擦身而过。两旁楼房很高，有三四层，多是年头很老的旧房，墙基的砖头长年浸在水里，早已千疮百孔，那沿着墙壁从房顶通下来的泄水管道，锈迹斑斑，底下都快烂了。家家门前都有个小台阶，靠墙立着小石柱或木头桩子，是系船用的。白天我曾看到不少临河的古建筑搭起了脚手架，在穆拉诺岛的运河两旁也见到一些年久失修的老屋，人去楼空，濒临坍塌。看来威尼斯市政当局维护古建筑的任务还很艰巨。据说威尼斯由于历代经营，120多个岛屿早已布满各个朝代不同风格的建筑物，已经没有向外发展的余地，目前本地居民超过36万人，每年世界各地的游客有300多万人，住房问题已经越来越紧张；加上房租昂贵，交通不便，一些久负盛名的中心区域又出现了居民人数越来越少的现象。有些老式建筑，我很怀疑是否还有人居住呢。

“贡多拉”载着我们继续在迷宫似的水道中漫游。四周万籁俱寂，家家户户似已进入睡梦，整个儿威尼斯都安静地睡着了，睡得那样深沉。平日里嘻嘻哈哈的克拉蒂阿这时变得异常沉默，仿佛这庄严的夜色有种震慑心灵的威严。偶尔从我们身边擦过的“贡多拉”，那游船上的对对情侣，或者如我们似的游客，也沉浸在这夜色的宁静氛围里。就连水道两旁不时闪过的酒吧或咖啡馆，那红绿灯下围坐宵夜的人们，也仅仅窃窃私语，唯恐惊扰了这梦幻般的安宁。只有那船尾橹桨划破水面的哗哗声，不紧不慢，节奏分明，似乎更增添了夜色的深沉。

这浓于醇酒的威尼斯之夜，渐渐使我熏熏欲醉，似醒非醒，仿佛和这凝固不动的河水，这隐藏在黑暗中的楼房，这从头顶跨过的座座石桥，以及漠漠夜空中的教堂钟楼尖塔融化在一起。我的灵魂仿佛离开了栖身的躯壳，飞向空山幽谷，飞向苍茫大海，飞向了虚无缥缈的宇宙银河之间，一切纷扰离我而去，心灵深处变成一片空白。我仿佛变为一粒微尘，消失在这无边无涯的夜色里，沉入这深邃流动的波浪里，分解，融化，无影无踪了……

这也许就是古今哲人所谓的“无我”的境界吧，我寻思。

不知过了多久，克拉蒂阿拍了拍我的膝盖，我如梦初醒，这才发觉“贡多拉”已经钻出水网的迷宫，驶入横贯威尼斯的大运河了。夜色朦胧，开阔的河面波浪翻涌，迎面吹来的海风已有些凉意，我下意识地紧了紧上衣。白天里繁忙异常的河道这时冷冷清清，除了我们一叶孤舟，见不到一艘船只。摇曳的波影灯光，映着对岸灯火疏朗的幢幢楼房，醉意朦胧，昏昏欲睡。只有那岸边和码头停泊的一艘艘游艇和排列整齐的“贡多拉”，在温柔的海风的抚摸下上下跳动，舒展着劳累了一天的筋骨。

记不清是什么时候回到“月亮”旅馆的，也记不清我和克拉蒂阿在哪儿弃舟登岸、踏着浓浓的夜色走回住地的，但我一辈子也忘不了威尼斯的夜色。

这温柔的、宁静的威尼斯之夜……

“贡多拉”的前生后世

不管你去没去过威尼斯，你都会知道水城威尼斯有种简陋又便捷的小船，当地人叫它“贡多拉”。有关威尼斯的照片上，几乎不会没有“贡多拉”轻巧的身影（Gondola的中文译名并不统一，本文取“贡多拉”）。

朱自清的《欧游杂记》写威尼斯，一开头就说：

“威尼斯是一个别致地方。出了火车站，你立刻便会觉得：这里没有汽车，要到哪儿，不是搭小火轮，便是雇‘刚朵拉（Gondola）’。大运河穿过威尼斯像反写的S，这就是大街。另有小河道四百十八条，这些就是小胡同。轮船像公共汽车，在大街上走；‘刚朵拉’是一种摇橹的小船，威尼斯所特有，它哪儿都去。”

他描写威尼斯迷人的夜景：

“晚上在圣马可广场的河边上，看见河中有红绿的纸球灯，便是唱夜曲的船。雇了‘刚朵拉’摇过去，靠着那个船停下，船在水中央，两边挨次排着‘刚朵拉’，在微波里荡着，像是两只翅膀。唱曲的有男有女，围着一张桌子坐，轮到了便站起来唱，旁边有音乐和着……在微微摇摆的红绿灯球底下，颤着酽酽的歌喉，运河上一片朦胧的夜也似乎透出玫瑰红的样子。”

作家阿城在他的《威尼斯日记》中对“贡多拉”有更详细的描述：“我去了威尼斯教堂旁边的一个小造船场，工棚里有一只正在做的弓独拉，我心目中这种小船几乎就是威尼斯的象征。”

“弓独拉原来是手工制造，船头上安放一个金属的标志，造型的意思是威尼斯，船身漆得黑亮黑亮的。水手常常在船上放几块红色的垫子，配上水手的白衣黑裤红帽带，在这种醒目的红白黑三色组合中，游客穿得再花哨，也只能像裁缝铺里地上的一堆剩余布料。”

船身漆得黑亮黑亮的“贡多拉”是威尼斯的象征，这几乎是所有人的共识。然而这种载客的游船，为什么不漆成喜庆的花花绿绿的颜色，反而以阴郁的黑色为主调，这种独特的审美观究竟是威尼斯人的偏爱，还是另有原因，这是我所感兴趣的。

早在公元5世纪前，威尼斯就有“贡多拉”这种小船，当时大运河上到处可见两端高翘、在水上运行的小舟，只不过它们并非黑色，而是色彩艳丽，饰以丝绸、锦缎，极其悦目的豪华游船，如同古代中国炫耀权势、地位的宝马雕车。因为拥有这种豪华游船的都是贵族之家，而华丽的“贡多拉”正是他们炫耀的资本。

不过，发生在16世纪的一场大瘟疫，彻底改变了许多豪门贵族的命运，也沉重地打击了炫耀财富的世俗观念。

关于16世纪的那场大瘟疫，是欧洲中世纪爆发的“黑死病”反复发作的一次，今天的传染病学已认定是“腺鼠疫”。在此之前的几个世纪，“黑死病”发生过多次。

1348—1666年，欧洲一直有腺鼠疫流行。“历史学家估计，大约有2400万人死亡，约占欧洲和西亚人口的四分之一。”（见英国弗雷德里克·F. 卡特赖特等著《疾病改变历史》，山东画报出版社2004年2月，27页）但是各地死亡人数并没有准确的官方记录，只有一些教堂和修道院留下了不多的原始记录。1350年，英格兰奥斯沃的圣玛丽亚教堂有人统计，大约有200万人被瘟疫残酷地夺走生命，占欧洲总人口的三分之一。（见美国霍华德·马凯尔著《瘟疫的故事》，罗尘译，上海社会科学出版社2003年，49页）仅伦敦一地，1666年再一次爆发的瘟疫，死亡68596人，“如果算上未经记录的死者的话，总死亡人数起码超过10万人。”（见《瘟疫的故事》，61页）

那是人类历史上最痛苦、最无助、最迷茫、最失望的时代，没有人知道是什么引起的病因，没有人知道有什么办法可以免遭死亡的威胁，死神就在人群中突如其来地撒下瘟疫的种子，借助腐败的土壤和恶臭的空气迅速传播开来。

有资料证实，黑死病起源于中亚，14世纪30年代末通过商贸大道，西行至克里米亚，迅速传播至欧洲。当时盛行的东西方贸易，是瘟疫肆行的中介，一艘艘商船漂洋过海，把装满谷物的货箱里的老鼠和寄生在它们身上的跳蚤，把“黑死病”的元凶——鼠疫耶尔森氏杆菌，从一个地方带到另一个地方，又把到达地的老鼠感染。于是“黑死病”的瘟疫率先由航船在一些繁华的港口城市蔓延，威尼斯、热那亚、佛罗伦萨、巴黎都是当时最大的港口城市，自然也成为瘟疫肆虐的重灾区。

我们今天阅读意大利著名作家乔瓦尼·薄伽丘的名著《十日谈》，不难看到佛罗伦萨当年瘟疫肆虐的悲惨情景。乔瓦尼·薄伽丘是1348年佛罗伦萨瘟疫的见证人，这个有10万居民的城市因4个月瘟疫流行，死亡人数超过65000人！有记录表明，同年发生的瘟疫，使威尼斯10万居民死了一半多。

在瘟疫流行时期，威尼斯往日的生活节奏完全被打乱了，纸醉金迷的花天酒地，歌舞升平的靡靡之音，已被死神的黑袍一扫而光。狭窄的巷子传来阵阵呼天抢地的哀号，华丽的楼房笼罩着死亡的阴影，而那些在大运河和水道上匆匆往来的“贡多拉”，此时成了运尸船，堆着男男女女的尸体，散发着可怕的恶臭……

正是有了这番刻骨铭心的痛苦经历，1562年威尼斯政府颁布了一条法令，禁止“贡多拉”漆成彩色，也不准摆放千奇百怪的装饰，船身一律漆成黑色 。

如今只有每年的赛船会，“贡多拉”才会打扮一番。

由穆拉诺岛想到玻璃的历史

年轻时，去意大利迷人的水城威尼斯。那里水道纵横，桥梁众多，我住的旅馆前门靠着一座石拱桥头，后门是个小码头，出门乘船最方便。一天清晨，一艘汽艇载着我前往穆拉诺岛。威尼斯由118个小岛组成，穆拉诺岛以生产玻璃和制作玻璃制品著名，也称“玻璃岛”“镜子之岛”，在科技史上很有点名气。

读《镜子的历史》（[美]马克·彭德格拉斯特著，吴文忠译，中信出版社2005年2月第一版），其中专有一章是“镜子之岛穆拉诺”，讲到“佛罗伦萨也许制作了上好的镜子，但是使玻璃艺术得以完善的地方却是威尼斯，而现代的镜子工业也是在这里诞生的”。

13世纪末，确切地说是1291年，威尼斯当局将玻璃制造作坊连同能工巧匠统统迁往穆拉诺岛，名义上是防火，为了城市安全，实际上是防止外国间谍刺探玻璃制作的生产技术。当时，精美的玻璃制品包括豪华的玻璃镜子是威尼斯的重要出口产品，在国际市场上占有垄断地位。一面威尼斯镜子，镶有精美银框的，价值8000英镑，几乎是名画家拉斐尔画作的3倍。这还是16世纪的价格。因此，防范工匠逃跑的措施十分严厉，制造玻璃的工匠是不许随便离开小岛的，一旦逃走，抓住就是死刑。这也说明技术保密古今相似，当今某些国家对待核物理学家的泄密，惩罚也是颇为严厉的。

《镜子的历史》是一部内容厚重、史料丰富的科学人文读物，也可看作以镜子为切入点的科技史著作。它是由两条主线铺陈开来：

一条主线是通过从金属镜子到玻璃镜子的发明、改进，着重论述镜子的出现对宗教、民俗、建筑、艺术、文学以及魔术、占星术等各方面的广泛影响。不了解镜子的历史很难想象，看似很普通的一面镜子，如今是千家万户最寻常的日用品，在历史的进程中竟然起过如此重大的作用。

另一条主线是伴随镜子的发明和使用，催生了科学家对光的本质和光学、电磁学、电学的深入研究，由此研制、不断改进的天文望远镜和电子显微镜，使人类对大到宇宙、小到微生物和原子的认识发生了革命性的变化。可以说，镜子的历史也是一部科学技术发展史，它涉及数学、化学、光学、力学、天文、物理、激光、通信以及绘画、建筑学等众多领域，许多著名科学家、发明家、思想家，如阿基米德、开普勒、伽利略、牛顿、笛卡尔、培根、惠更斯……他们都从各自的研究领域与镜子打过交道，并且推动了现代科学技术的突飞猛进。从中也可看到，技术发明是如何引起科学的发现，两者是怎样相互依存相互促进的。正如作者所言："镜子迎来了最早的人类文明，现在镜子又为我们指向未来，同时又让天文学家观测久远的过去时光。"镜子不仅使人类看清了自己的面貌，也照亮了通向未知世界之门。

威尼斯制作镜子的垄断地位，据说在17世纪已经被打破，它的竞争对手是法国。当法国后来还有英国掌握了镜子制造工艺，生产出大而廉价的镜子充斥市场，穆拉诺岛的玻璃制造业急剧衰落了。

不过，我来到穆拉诺岛，时间又过了300年，这里的玻璃作坊有150家，从事这一行业的约有2500人，岛上常住居民才900人，工匠、职员大多住在威尼斯市区，每天乘船来来往往。

如今，穆拉诺岛已经不再生产普普通通的镜子了，而是以制作世界上最薄的、造型典雅的玻璃艺术品闻名于世。以传统的手工工艺制作的大型豪华吊灯、酒具、果盘、花瓶、装饰品和各式花卉、工艺摆设、日用器皿、动物鸟兽以及项链、耳环等装饰品，做工精细，色彩鲜艳，造型复杂，价格也相当昂贵，仍然受到上流社会的青睐，许多大师制作的艺术品往往为人们珍藏。

穆拉诺岛的传统工艺又焕发了新的活力。

威尼斯贡多拉

威尼斯撑船人

威尼斯叹息桥

威尼斯圣玛利亚教堂

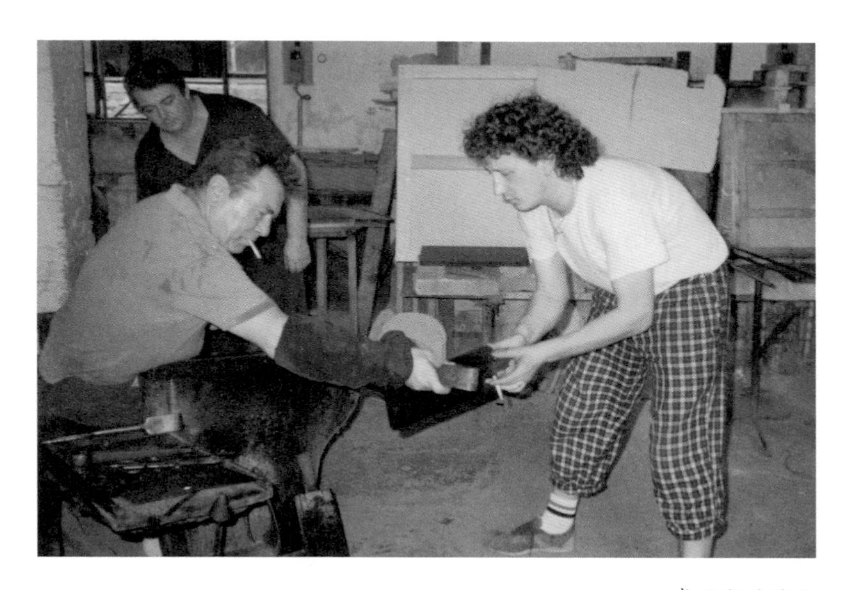

威尼斯手艺人

追踪拿破仑

秋风秋雨滑铁卢

令人心烦的秋雨一直下个不停。高速公路湿漉漉的，汽车驶过溅起一片灰白的水雾，仿佛快艇在急流中疾驰。灰蒙蒙的天际翻飞着乌黑的云絮，像水墨画中漫不经心的点染。斜风细雨的田野牧场，水雾迷蒙，秋色的萧瑟透着一片凄凉——说起来，这是很久以前的事了。

这般秋雨霖霖的日子，按说不宜远行。待在宁静的乡村酒店，围着炉火呷一口浓浓的咖啡该多么惬意。可是，铁定的旅程表才不管天气如何，催促着我黎明即起，收拾行装。于是我在海牙的Hotel Sebel用罢年迈的旅馆老板娘早早预备的丰盛早餐，汽车便迫不及待地载着我向南方疾驰而去……

几个小时的风雨兼程，来到比利时中部一个毫不起眼的村庄，这里离布鲁塞尔以南约20千米。千百年来，这个村庄的身世像泥土一样平凡，这里的森林、牧场和农田，这样的景色在西欧比比皆是。然而一百多年前发生在这里的一场改变历史的惨烈战争，也在一夜之间改变了这个村庄的命运。它那卑微的土壤似乎因为吸吮了几万将士的鲜血而突然无比神圣，因而声名远扬令人刮目了。

今天，哪怕你随便翻开任何一种文字编撰的百科全书，几乎都不难找到它的名字，它是对成功者的警示，对失败者的惋惜，让旁观者引起浮想联翩的地方。在中国，也有一个具有相同意味的地方常挂在人们嘴边，那就是三国时代蜀国大将关云长倒大霉的地点——湖北当阳的“麦城”。

它叫滑铁卢，Waterloo，按照弗莱芒语，意思是多水的森林或潮湿的牧场，多么平凡且直观的名字。

滑铁卢是和拿破仑的名字连在一起的。这位出身卑微、叱咤风云的法兰西皇帝，一生驰骋疆场，所向披靡，打了许多漂亮的仗，然而滑铁卢之役，让这位富有传奇色彩的军事统帅阴沟里翻了船，成了他一生最大的耻辱。

关于这场惊天地泣鬼神的决战，《辞海》的“滑铁卢战役”条目写得简明扼要：“1815年3月20日，拿破仑一世进军巴黎，赶走路易十八，重掌政权后，英、奥、普、俄等国结成第七次联盟，进攻法国。6月18日，英普联军（约22万人）在比利时南部的滑铁卢附近，大败拿破仑军队（约12万人）。6月22日，拿破仑宣布退位，被流放于大西洋南部的圣赫勒拿岛。”

《简明不列颠百科全书》的介绍比较详细，倒像是一篇现场速写：“……拿破仑把开始进攻威灵顿的时间从上午推迟到中午，目的在于让土地干燥，但由此铸成大错。普鲁士军队恰好获得奔赴滑铁卢驰援威灵顿所需的时间。在下午6时以前，由于步兵和骑兵没有协同作战，法军的4次主攻都未达到重创联盟军和突破阵线的目的。这时，普鲁士军队陆续抵达滑铁卢，对拿破仑的东翼形成压力。为了阻止普军进入法军后方，拿破仑不得不从对威灵顿的主要战斗中调出穆通麾下的一个军、洛博伯爵的军队以及帝国近卫军的几个营。最后，下午6时，内伊使用其步兵、骑兵和炮兵协同作战，夺占联盟军战线中部的农庄圣海牙。然后，法军炮兵开始轰击联盟军中部的几个掩体。决一雌雄的时刻来临了。威灵损失惨重，在法军的强攻下已经不堪一击。内伊要求增援步兵，但是遭到拿破仑的拒绝。直至下午7时以后，拿破仑才抽出帝国近卫军的几个营去增援内伊。这时，威灵顿已经重整旗鼓，又得到蔡滕指挥的普鲁士军队的支援。在对联盟军展开攻击时，内伊指挥近卫军的一部分，以及其他一些部队。联盟军以炮兵火力摧毁拥挤一起的近卫军步兵。下午8时，近卫军被击退。联盟军随即开始全面向前推进，普军在东边又再次发动进攻。结果法军大乱，惊慌逃窜。拿破仑军伤亡25000人，被俘9000人。威灵顿军伤亡15000人。布吕歇尔军伤亡约8000人。4天后，拿破仑被迫第二次逊位。”

我对《简明不列颠百科全书》的诠释实在不敢恭维，但是应该肯定，百科全书的介绍大体上勾勒出这场战役的基本轮廓。

我冒雨钻进一棵大树的绿色伞盖底下，眺望着古战场。无情的风雨鞭打着原野上的草木，脚下的杂草丛生的沙石地浊水横流。我的视线穿过细密的雨丝编织的网，可以清晰地看见一座突兀平原的绿色山丘，山丘之巅有一尊铁铸的雄狮。这是我十分熟悉的滑铁卢古战场的标记，它在许多风景照片和画册中频繁出现。这座高约50米、方圆300米的人造山是用人工一筐一筐土堆起的纪念墩，有226级石阶通向山顶。山顶的铁狮，据说是英军统帅威灵顿用战场上收集的枪炮铸造的，长4.5米，高4.45米，它面朝法国的方向，威猛警惕地注视着它的敌人，也算是一件寓意深刻的“镇物”吧。

从雄狮高踞的山丘之巅，在天晴日朗之际，可以一览无余滑铁卢古战场的全貌。此刻所能见到的，只是秋雨迷蒙、寂无人影的原野。古战场南面，有一座石头小屋，曾是战役开始前拿破仑的司令部，北面有座农舍，曾经是英、普联军野战医院，还有一座曾是威灵顿的司令部的古堡。此外还有很多当年为法、英、普军将士竖立的纪念碑。

穿过小镇的公路一侧，一个偏僻的树木稀疏的小广场上屹立着一尊身着戎装的拿破仑铜像，大小和真人差不多。雄心勃勃的法国皇帝孤零零地站在凄风苦雨之中，不知他此时此刻的心情怎样。或许他是在向游人忏悔他的过失，或许他是在默默思索自己的失误……

小广场斜对面，隔着公路，毗邻而立几幢灰色建筑，其中一幢圆桶形建筑是滑铁卢纪念馆。这里有一幅沿着圆形桶壁呈360度展开的全景画，近景是模拟的小木板房、草丛和倒下的人马尸体，以及各种丢弃的武器，远景则是画家描绘的滑铁卢战役两军鏖战的全景图，整个画卷高12米，长110米，形象逼真，气势磅礴，恍若身临其境，感受到血雨腥风的惨烈。据说世界上有关拿破仑的重大战役的全景图只有两处，10多年前我在莫斯科郊外的波罗金诺，曾经参观过那里的波罗金诺纪念馆的全景图。那是描绘1812年俄军统帅库图佐夫与拿破仑决一雌雄的重大战役，那一次与俄国人的较量，结局是拿破仑的惨败。事隔3年，滑铁卢战役的大败，则最终结束了拿破仑的政治生涯，从此他囚禁在大西洋上的圣赫勒拿岛，再也无法施展他的雄才大略了。

滑铁卢纪念馆周围，有一些特为接待游人的旅馆、酒吧和出售纪念品的商店。耐人寻味的是，在滑铁卢出售的旅游纪念品中，你找不到胜利者威灵顿的雕像，倒是大大小小的拿破仑最受游人的青睐。我也不能免俗，买了一尊戎装的拿破仑雕像作为这次旅行的纪念。

滑铁卢的秋雨，在人们心头洒下淡淡的愁思。

1861年5月，一个晴朗的早晨，维克多·雨果凭吊了滑铁卢古战场。

这时距滑铁卢战役已是46年后，物换星移，战场的面貌发生的巨大变化，使这位法国文学巨擘不胜惋惜。

实际上，滑铁卢战役结束后不久，战场的面貌已是面目全非。我们今天读维克多·雨果的《悲惨世界》不难发现，作家的喟然感慨跃然纸上——这本经典小说的第二卷《珂赛特》有很长的篇幅详尽无遗地描绘了滑铁卢战役的全过程，被后世欧洲战史家公认为记述拿破仑败北的重要参考文献。

“拿破仑和威灵顿交锋的那片起伏如波浪、倾斜程度不一致的平原，人人知道，现在已非1815年6月18日的情形了。在建滑铁卢纪念墩时，那悲惨的战场上的高土已被人削平了，历史失去了依据，已无从认识它的真容。”维克多·雨果显然非常愤怒，他写道：“为了要它光彩，反而毁了它原来的面貌。战后两年，威灵顿重见滑铁卢时曾喊道：‘你们把我的战场改变了。’在今日顶着一个狮子的大方尖塔的地方，当时有条山脊，并且，它缓缓地向尼维尔路方面倾斜下来，这一带还不怎么难走，可是在向热纳普路那一面，却几乎是一种峭壁。那峭壁的高度，在今日还可凭借那两个并立在由热纳普到布鲁塞尔那条路两旁的大土坟的高度估算出来，路左是英军的坟场，路右是德军的坟场。法军没有坟场，对法国来说，那整个平原全是墓地。圣约翰山高地由于取走了千万车泥土去筑那高150尺、方圆半英里的土墩，现在它那斜坡已经比较和缓易行了，打仗的那天，尤其是在圣拉埃一带，地势非常陡峭……”

这一番详尽的描写，所以不厌其烦地抄录下来，我想对于一切研究历史的人都是值得重视的警告。我们所看到的历史，有多少真实可信，恐怕是要大打折扣的。时间的三棱镜和人为的有意无意的遮饰，制造了许许多多扑朔迷离的幻影，我们可不能轻信受骗。

这样一想，我此刻所见到的滑铁卢战场，也不复当日模样了，这是绝对无疑的。比起维克多·雨果见到的情景更是与真相相距甚远。我所见到的不过是胜利者的丰碑，是战胜国胸前炫目的勋章，是几万将士的尸骨筑成的战争副产品，如此而已……

在20世纪末回想遥远年代的一场战争的话题，似乎有点不合时宜。然而在我执笔写这篇短文时，发生在巴尔干半岛的高科技战争，打碎了我对未来的一厢情愿的美好憧憬。我更加相信，即将来临的新世纪并不都是鲜花美酒，田园牧歌，高科技并不会使人更加理智，更加善良，它也会给人们带来激光制导的导弹和毁灭性的灾难。

因此，我想起滑铁卢的秋风秋雨。

研究滑铁卢战役的战略战术不是我所能胜任的，也无意纠缠历史的是非曲直。我所感兴趣的是滑铁卢战役提供的非常宝贵的经验教训，即任何高明的统帅都不可违背自然法则，具体说来是天时地利与战争的关系。

维克多·雨果对滑铁卢战役的记述虽然不免也有作家的国籍所带来的倾向，但是他对拿破仑的失利所做的分析还是相当客观公允的。

拿破仑在滑铁卢的惨败，百余年来所以为人们津津乐道，个中不乏对拿破仑命运的惋惜，其中，很重要的一点是按照战争双方力量的对比，尤其是以拿破仑卓越的指挥才能和对军事艺术的娴熟，这场战争似乎应该是另一种结局。

然而，维克多·雨果对滑铁卢战场的实地观察，尤其是对各种偶然因素的透彻分析，使后人对拿破仑的失败有了全面的认识。

拿破仑在滑铁卢战役中犯了兵家之大忌。首先，天时对拿破仑不利。

1815年6月18日，拿破仑投入战场的兵力有74000人，而威灵顿带领的盟军不过67000人，更重要的是，拿破仑有246门大炮，而威灵顿只有156门大炮。维克多·雨果指出："拿破仑是用炮的高手。""他的天才就是最善于用炮。"而大炮是当时威力最大的先进武器。

可是，雨果不能不感慨万端，他写道："假使在1815年6月17日至18日的那一晚不曾下雨，欧洲的局面早已改观了。多了几滴雨或少了几滴雨，就成了拿破仑胜败存亡的关键。上天只需借几滴雨水，便可使滑铁卢成为奥斯特里茨的末日，一片薄云违反了时令的风向穿过天空，便足以让一个世界毁灭。"

作家富有诗意的艺术语言，形象地说明战争胜败与天气的关系，气象因素对军事行动的制约，在滑铁卢战场上表现得如此突出，足以令人产生对天意的恐惧。

滑铁卢战役是拖到当天中午——准确地说，是6月18日中午11点半打响的。拿破仑为何不在天亮时就发动进攻呢？"因为地面湿了。炮队只有等到地面干一点，否则不能移动。"雨果写道，"假如地面是干燥的，炮队易于行动，早晨6点便已开火了。战争在2点钟，在比普鲁士军队的突然出现还早3个钟头的时候就告结束，便已经获胜了。"

雨果的无可奈何当然仅是一种理想模式的预测，因为战争的胜负是由多种难以预料的参数决定的。不过，就滑铁卢战役而言，当英法双方激战了8个小时，双方都在等待援军时，普鲁士的援军及时赶到扭转了整个战局。雨果认为："如果战争早两个钟点开始，到4点便能结束，布吕歇尔赶来，也会是在拿破仑得胜之后。”因此，雨果感慨地说：“命运竟有如此的变幻，他正准备坐上世界的宝座，却望见了圣赫勒拿岛显现在眼前。”

不仅是“天时”贻误了战机，而且拿破仑在滑铁卢战役中也失去了“地利”。

滑铁卢战场的地形，按照雨果的说法，是一个写在地上的A字。A字左边一画是尼维尔公路，右边一画是热纳普公路，A字中间的横线是从奥安到布兰拉勒的一条凹路，A字的顶是圣约翰山，即威灵顿所在的地方；左下端是乌古蒙，即雷耶和热罗姆·波拿马（法军将领）所在的地方；右下端是佳盟，即拿破仑所在的地方。

在A字的尖顶即圣约翰高地后面，是索瓦宁森林。

整个滑铁卢平原是辽阔起伏的旷野，向圣约翰山缓缓抬升，直达索瓦宁森林。

因此，在决战之时，威灵顿在地形上占了优势，拿破仑处于劣势，英军居高临下，法军则居于下方。

不仅如此，A字中间的横线即从奥安到布兰拉勒的一条凹路，竟是一条深沟，而这个平原上意想不到的地形变化，拿破仑并不知道。

雨果对这条沟谷般的凹路做了详细描述：

“布兰拉勒和奥安都是比利时的村子，两个村子都隐藏在低洼的地方，两村之间有一条长约一法里半（法里是法国以前的长度单位，1

法里约合4千米）的路，路通过那高低不平的旷地，常常伸入丘底，像一条壕堑，因此那条路在某些地方简直就是一条坑道。”维克多·雨果还特别提到，那条路绝大部分是一条壕沟，有时深达12尺（法国以前的长度单位），而且两壁太陡，四处崩塌。

但是，隐藏在平原上的那条壕沟，在拿破仑所站的地方是难以被发现的。

这里还有一个难以证实的细节，据说拿破仑在观察地形时发现了去布兰拉勒那条岔路拐角的一座粉白色的圣尼古拉教堂，教堂与尼维尔路的高差引起他的警惕。这时他向被抓来当向导的一个当地农民询问了前面有无障碍，但那个充满敌意的向导回答说没有。于是拿破仑信以为真。

拿破仑根据对地形的错误判断发出了向圣约翰山进攻的命令，他企图一举消灭威灵顿。

于是，3500人的铁甲骑兵，“好像两头钢筋铁骨的巨蟒爬向那高地的山脊，有如神兽穿过战云”，向英军防守的阵地猛扑过来。但是，当法军骑兵一鼓作气狂奔到山脊最高处，正要冲向对垒的英军时，突然发现脚下是一条深沟，难以逾越，也不能停下狂奔的脚步……“那一刹那是震天动地的。那条裂谷在猝不及防时出现，张着大口，直悬在马蹄下面。两壁之间深达4米。第二排冲着第一排，第三排冲着第二排，那些马全都立了起来，向后倒，坐在臀上，四脚向天往下滑，骑士们全被挤了下来，垒成人堆，绝对无法后退……”

这是一幕仅仅想象也令人心惊胆战的惨象。这不是战争，倒像是集体自杀。据估计，有2000匹战马和1500名骑兵一瞬间埋于沟壑，以至维克多·雨果不无悲愤地说：“我们几乎可以这样说，拿破仑的崩溃是由那个农民摇头而造成的。”

当然，这是极而言之的说法。导致拿破仑失败的因素并非如此简单。复杂的政治军事联盟，本国的经济实力，以及军事的、战略的失误都是制约的因素。但是，偶然的、突发因素虽然往往被许多战史研究专家视而不见，或避而不谈，我却以为这是影响世间万事万物不可忽视的重大因素。古往今来，大至一次战争一项建设，小到事业成败，都有许许多多偶然性在主宰着。倘若“挑战者号”航天飞机不是因为一个小小的橡皮圈引发泄漏，就不会导致7名宇航员罹难；倘若“泰坦尼克”号船不是夜间经过北大西洋浮冰区，而是白天航行，也不会有冰海沉船的悲剧；20世纪初英国斯科特探险队在南极全军覆没，也是因为没有使用狗拉雪橇，而是用了西伯利亚矮种马……“千里之堤，溃于蚁穴”“智者千虑，必有一失”“谋事在人，成事在天”……所有这些富有哲理的警言，无不提醒人们重视对偶然因素的警觉。正因为是偶然因素，又是始料未及的。

滑铁卢的秋风秋雨，令人遐想不已。

凭吊拿破仑墓

世界上像巴黎这样内涵丰富的城市大约是为数不多的。初来巴黎，一瞥见塞纳河畔那令人心驰神往的巴黎圣母院的尖塔，那孤零零地矗立在云彩里的埃菲尔铁塔瘦长的倩影，不知怎的，那些从孩提时代起就铭刻于心的名人轶事、历史风云以及许多文学大师笔下令人荡气回肠的人物，无法遏制地涌上心头。一连几天，亢奋、激动，情不自禁地沿着那迷宫般的大街小巷，去寻找历史的踪迹。

离开巴黎的前一天黄昏，我萌生了去凭吊一下拿破仑墓地的强烈愿望。这位改变了法兰西乃至欧洲历史的科西嘉人，那驰骋疆场如烈火一般的辉煌生命，曾经是我青年时代崇拜的偶像。尽管天色将晚，我还是决定碰一碰运气，因为我的向导担心拿破仑墓所在的巴黎残老军人院早已谢绝参观了。

比起拿破仑的历史功绩，他的墓地在伟人的陵墓中可算相当寒碜了。巴黎残老军人院实际上是座兵器博物馆，门前高高的铁栅栏，面对空旷的广场。进门是个四面回廊的长方形院落，冷清寂寞，颇像一座废弃多年死气沉沉的修道院。院子四周的房屋很有些年头没有修葺了，墙皮剥落，粉墙灰暗，走廊靠墙根摆着一尊尊锈迹斑斑的铁炮，沿着走廊一字排开的房间便是陈列历代兵器的博物馆。也许是天色已晚，空落落的大院除了我们几个匆匆过客，见不到一个参观者了。

我们无心参观博物馆，径直沿走廊向后院走去。走到走廊尽头即见一座圆柱穹顶的教堂，孤零零地矗立在冷清的后院里。拾级而上，教堂大厅空空荡荡，不像巴黎圣母院那样烛光摇曳、烟熏火燎，两厢摆着几具雕镂还算精细的石棺，据看门人说，那里躺着拿破仑几名忠实的将领。除此之外，这里连一朵鲜花也不曾见到。

也许是见到几名来自遥远的中国的客人前来瞻仰，而且是在这般暮色升起的黄昏，看门人破例地领着我们从大厅后面的蹬道步入地下的墓室。

这一代英豪的安息之地颇像南京中山陵孙中山的墓室，但是气魄小多了，显得很局促。墓室呈同心圆状，外圈是供人瞻仰的回廊，里圈深陷，则是放置棺椁的墓室。环抱墓室的高大石柱支撑着墓顶，均雕刻成肃立的少女，面朝棺椁，仪态端庄而肃穆。墓室当中放置拿破仑遗骨的棺椁是用质地致密的红色大理石制作的，颇像一顶两头翘起的僧帽，无论是色调还是外观都极为庄重，在明晃晃的灯光下，显得分外安宁，分外壮观。

我们轻移脚步，沿着墓室外侧的过道绕行一周，唯恐惊扰了这位伟人的长眠。墓室四壁是一块块浮雕，分别描绘了拿破仑一生指挥的重大战役和重大历史事件，当中有他亲自颁布的著名的《拿破仑法典》。据说拿破仑生前说过："我真正的光荣并非打了40次胜仗，滑铁卢之战抹去了关于这一切胜利的记忆。但是有一件东西是不会被人忘却的，它将永垂不朽——那就是我的民法典。"拿破仑在滑铁卢战役后，于1815年10月被放逐到大西洋的圣赫勒拿岛。这是个122平方千米的火山岛。他失去了自由，像一头被关在铁笼里的猛狮，终日在大海的咆哮声中沉湎于昔日辉煌岁月的回忆。他的健康大大受到损害，在圣赫勒拿岛度过寂寞难耐的近6年囚徒生涯后，这位当年威震欧洲的法兰西第一帝国的皇帝，结束了他不平凡的一生，终年52岁。几天之后，他的遗体安葬在岛上密林深处的两棵大柳树下。我们现在看见墓顶镶嵌的金属板上，刻着这样两行字："拿破仑，皇帝和国王，1821年5月5日于圣赫勒拿岛逝世。"

拿破仑留下的遗嘱有这样的内容："我切望自己能长眠在塞纳河畔，在我所热爱的法国人民中间。"这个遗愿是19年之后才实现的。1840年经英国政府准许，法国政府才将拿破仑的遗体运回巴黎。12月15日，一辆华丽的柩车在军事仪仗队的护送下，经过巴黎市中心凯旋门，运往残老军人院的教堂重新安葬。这样算来，拿破仑在塞纳河畔的小教堂里已经度过了170多年了。

滑铁卢拿破仑雕像

本书作者在滑铁卢

滑铁卢街景

南极冰雪世界

登上南极半岛

比起我们一个星期前在别林斯高晋海遇到的狂风恶浪，眼前的格洛克海峡简直就像一个静谧的、充满神秘气氛的山间湖泊：船只在渐趋狭窄的水道里穿行，有时使人恍若置身于两岸猿声啼不住的长江三峡，有时又仿佛泛舟于雪峰环抱的天山天池，这里是通向冰雪世界的一条宁静的海峡……

这是南极半岛和帕尔默群岛之间一条狭窄的通道。

天色晦暗，天空布满厚厚的阴霾，似乎又在酝酿一场暴风雪。没有咆哮的狂风，海峡中的海水也没有兴起波浪，连空气似乎也静止不动。静穆笼罩着一切，船舷两侧缓缓移动的南极半岛和星罗棋布的岛屿，像一幅宋人寒山瘦水的长卷，在我们眼前徐徐舒展。这里是冰的世界，雪的王国，举目眺望，除了冷漠的天空和波浪不兴的海水，到处是白茫茫一片。那突兀在海湾中的岛屿，白雪皑皑的冰峰和尖利的陡崖，使人想起瑞士阿尔卑斯山勃朗峰的雄姿。更多的却是起伏的绵绵雪岭，高低错落，静静地卧在海峡两岸。一切都凝固了，一切都在寒冷中安息了，听不见鸟儿的啁啾，看不见生命的绿色，眼前是一个白色的冰雪世界。

船只向南驶去，冰山也渐渐多了起来。大的冰山宛如水晶雕琢的琼楼玉宇，巍峨壮观极了；也有许多小的浮冰，如同海水中长出的冰花玉树，或者是在波浪中嬉戏的飞禽走兽，千姿百态，难以描绘。我们就像置身于白雪公主的王国，向那梦一样美丽无比的童话世界驶去……

经历了别林斯高晋海的险恶风浪之后，我们科学考察船在麦克斯韦尔湾养精蓄锐，略加检修，日历已经翻到1985年2月，企鹅们都在纷纷脱毛，浑身茸毛的小企鹅已经破壳而出，时间却在暗暗提醒我们，南极之夏已经为时不久，极地冬天就要降临了。

南大洋考察队抓紧有限的时间又开始第二次远征，这一次的航线是由布兰斯菲尔德海峡向西，在欺骗岛、利文斯顿岛、雪岛一带周旋。当我们驶向布兰斯菲尔德海峡设下的23号站位那天，南方的海平线上涌现出一条细长的陆地轮廓，在夕阳余晖的映照下，冰雪皑皑的陆地笼罩着烟雾似的云霭，这就是——南极大陆！

在这一瞬间，我在甲板的铁栏杆前，目不转睛地凝视着那遥远的天际，似乎要把那白色的陆地深深地留在我的记忆里。我不禁想起，一个多世纪以来，有多少探险家、猎捕海豹船的船长以及负有秘密使命的海军舰队的军官们，正是从我此刻所在的位置，或是在这附近，窥见了人类寻找了很久的神秘的南方大陆。

当然，我无法想象他们当时看到的南极大陆是否与我所见到的完全一样，但是我可以想象他们的心情该是和我一样的激动万分。

布兰斯菲尔德是在1820年1月30日隐约看到这个以他名字命名的海峡以南的这片陆地，但是对于他本人来说，他还不清楚眼前的陆地是一个不知名的小岛，抑或是别的什么地方。

就在同一年的11月6日，内森涅尔·布朗·帕尔默指挥一支捕猎海豹的小船，同样发现了布兰斯菲尔德海峡以南的陆地。

英国人和美国人为此开始争论不休，美国人认为南极半岛是帕尔默先发现的，所以称它为帕尔默半岛；英国人则坚持布兰斯菲尔德发现在先，把它命名为格雷厄姆地——以当时英国海军大臣詹姆士·格雷厄姆的名字命名。

但是俄国人也有充足的理由证明，别林斯高晋海军上将率领的探险船也发现了彼得一世岛和亚历山大一世岛，后者是南极地区最大的岛屿，冰雪使它和南极连在一起。有理由相信，别林斯高晋也是在此同时发现了南方的陆地。

不过，我此刻的心情也和历史上的这些探险家一样，欣喜之余却又不免有所遗憾，因为我只能远远窥望那南方的冰雪大地，却不能亲自把脚印留在它的积雪的冰原上。在我们的计划里，并没有登上南极半岛的安排。

南极半岛在我们的眼前一晃即逝，我们只好带着无比的惆怅继续向西南航行。说来也是天赐良缘，我们先在利文斯顿湾完成了25号站位的海洋调查。生物学家们从200多米深的海底捕捞了大量种类繁多的底栖生物，据他们说，这里的海底是个富饶的牧场。以水螅虫和苔藓虫组成的群落，粗粗看来如同灰绿色的植物，实际上却是稠密的海底动物。在“牧草”中间还繁殖着大量橘红色的海星，肉红色的大海参，以及海蜘蛛、海蛇尾和南极鱼，它们与灰黑色的软泥混杂在一起。接着，考察船一鼓作气，驶向南设得兰群岛以西的外海，打算完成从大陆架、陆坡一直到深海洋盆的一个完整剖面，这条剖面有8、9、10、11四个站位。但是正当我们打算驶向水深4100米的11号站位时，天气突然变了。气象预报员王景义拿着刚刚接收到的卫星云图和天气传真图，用不容置疑的口气宣布："不能去11号站位，现在有一个很强的气旋很快进入我们作业的海区，风浪将会很大，从观测的资料来看，气压正在急剧下降……"

是的，气压急剧下降是极地风暴来临的先兆，我们在别林斯高晋海已经吃够了低气压的苦头。在前舱会议室旁边的一个房间里，陈德鸿总指挥和金庆明队长正在进行紧张的磋商，他们的计划已经被突然袭来的气旋打乱，如果继续向11号站位航行，势必要冒着极地风暴的危险，而我们的考察船已经经历了那次可怕的风浪的袭击，主机的性能，船体的结构，铁甲的抗风力……这一切都不能不令人担心。

有什么办法呢？人类直到今天还不能驾驭天气，在天气陛下的淫威下，谁愿意白白去冒险。经过一番紧张的磋商，总指挥当即决定，船只掉头南行，一面避风，一面顺路完成9、10两个站位的调查，同时伺机向南极半岛挺进。这后面的决定包含着深远的考虑：也许，有朝一日，我们中国人将要登上南极半岛，在那里的冰原上建立科学站。因此，熟悉这一带的航道，掌握夏季威胁航行的冰情，实地勘察南极半岛的地形，绝不会是多余的。

船只在宁静的格洛克海峡航行，海水泛出浓绿色，像是长满青苔的池塘，我不禁好生纳闷。后来问了生物学家，才知道这是由于海水中含有大量的浮游植物——硅藻，这时正值硅藻“开花”的时期。偶尔还能看到白色的信天翁在船尾翻涌的航迹上振翅飞翔，它们经常一动不动地滑翔、盘旋，飞行的技巧高超极了。

当天下午，“向阳红10号”考察船停泊在布拉班特岛东部一个水深开阔的海湾，风浪渐渐大了起来，乌黑的海浪骚动不宁，天色越来越阴晦了。灰蒙蒙的似雾非雾，似云非云的烟霭，像草原卷起的沙暴从海面升起，迅速遮盖了船舷左侧的半边天空，而且还在迅速扩展。但是，近在咫尺的南极半岛像磁石一样吸引着我们，谁也不愿失去这千载难逢的机会，我和其他35名考察队员和船员，已经获准到南极半岛登陆。

从母船用粗大的钢索将一艘红色救生艇徐徐放下，我们36名幸运儿登上小艇。每个人都穿上橘红色的救生衣，船上的队员们都拥挤在船舷旁目送着我们。不过，当小艇开动时，留在船上的副船长沈阿琨突然不放心地大叫起来：“快点回来！天气要变了……”坐在小艇上的船长张志挺朝他笑笑，挥了挥手，“知道了，你就放心吧……”

阿琨的话果然灵验得很。当小艇开足马力，行驶在乌黑色的海面时，突然狂风大作，雨雪交加。那酝酿了很久的风雪迟不来早不来，这时突然跑来欢迎我们这些不速之客。这时的雪不是那种柔软的六角形的雪花，而是密集的雪霰，像飞沙走石打得人睁不开眼。冰冷的雨水浇满一脸，蒙住了眼镜镜片，顺着脸颊往脖子里灌。身上的羽绒服和救生衣很快湿透，几位摄影师慌忙用塑料布把他们心爱的相机和摄像机包了起来。顿时，小艇上的人都沉默了，像一群在风雪中缩作一团的企鹅，只听见马达的轰响和海浪拍打船帮的喧哗，在宁静的海湾里激起异常洪亮的回音。

我们登陆的地点是南极半岛的雷克鲁斯角，小艇在奔涌的浪涛中疾驰，四旁出现一座座瑰丽非凡的冰山。以前我们也不止一次见过冰山，但是离大船很远，这时冰山近在咫尺，似乎伸手就可摸到它那冰冷的躯体。这些大自然的冰雕艺术品，造型优美豪放，形态千奇百怪，你从不同的角度可以欣赏到它们不同的丰姿。小艇开始减速，小心翼翼地擦着冰山的边缘而行。风雪来得快收得也快，这时骤然停了。摄影师们自然不会放过这难得的机会，纷纷从摇晃的小艇里探出身子，有的干脆扶着同伴的肩膀站起，迅速捕捉冰山雄姿的镜头。

小艇摇晃得更加厉害。“坐下来！坐下来！”在后操舵的航海长陈日龙厉声吆喝起来，一直不动声色的船长也制止大家不要乱动。

离岸越来越近，前面的海滩、陡崖和冰原扑入眼帘。船首站立的水手神情紧张地观察艇下的浅滩。这里海水很浅，可以清晰地辨识水底的块块砾石。航海长陈日龙一面大声关照船头的水手，一面四下张望，寻找可以泊岸的地点，但是随着艇底沉重的摩擦声，小艇的惯性使它在浅滩上搁浅了。

真是糟糕透了。开动马达退出去，办不到，小艇像是被钳住似的无法动弹。前进，更不可能，海水已经很浅。时间不允许我们有其余的选择，好在这里离岸不算远，放下跳板只有十来米，于是所有的人都毫不犹豫地涉水登岸。

我没有穿水靴，脚下是一双沉重的胶底帆布的南极靴。我只好脱了靴子，用鞋带将两只靴子拴在一起挂在脖子上，然后赤脚蹚进冰冷彻骨的海水，顿时一股寒流袭遍全身，仿佛突然掉进冰窟里一样。我们踩着高低不平的砾石登上海滩，双脚几乎完全失去了知觉。

这里是南纬64度30分，西经61度47分，南极半岛上一个尖尖的海岬。我们登陆之处是一条狭窄的不足百米的海滩，潮水退出不久，布满大大小小长满青苔的砾石，踩在上面很容易滑倒。迎面屹立着断面陡峭的冰盖，顶部是浑圆的穹状，从壁立的断面可以看出一层层扭曲的纹理，发出蓝幽幽的光泽。冰坡下方，离海滩不远，出人意料地立着一幢孤零零的小屋，颜色发黑，好像很破旧。我们在海上一眼就发现了它，很像一座警察的岗楼。这个小屋却有个大得吓人的名称——布朗上将站，这是阿根廷的一个无人观测站，也是我们在雷克鲁斯角见到的唯一的人类活动的痕迹。

上岸之后，人们散开了，各自去寻找自己感兴趣的地方。考察队员有的采集岩石标本，有的爬上陡峭的冰坡，敲下一块块万年冰，准备带回去分析，那里面也许包含了几万年地球气候变化的信息。生物学家在海滩的潮间带寻找生命踪迹。在砾石之间的水洼里，有一些像木耳一样的绿色苔藓，还有肉眼不易辨别的小生命。船员们在海滩上插上了一面五星红旗，还将“向阳红10号”船的标记埋在石头堆里。他们像登上珠穆朗玛峰的登山队员，拍下了一个个很有纪念意义的镜头。

我离开海滩，径直朝西走去。翻过岩石裸露的陡坎，前面伸展着一片面积很大的岩石平台，在它的后面，陡立着一个馒头状的山冈，堆满厚厚的积雪，朝海的一面山坡很陡。岩石平台坎坎洼洼，高低不平，濒临冰山泊岸的海湾。这是一片火成岩风化破碎的地面，遍地是锋利的岩屑，有的岩石像是受到猛击的玻璃，碎成不规则的岩块，但裂口纹理依然保持原状。由此也可知道，这里的冬季一定相当寒冷，这些坚硬的石头是因冰冻而风化破裂的。

在积雪融化的山坡下面，清澈的雪水汇为一道涓涓细流，像一条小瀑布飞落山麓的洼地。这个形状不规则、面积也不太大的洼地很像一个池塘，清澈见底，由于贮存了海边难得的淡水，吸引了许多禽鸟和海豹。高高的雪坡上岩石的顶巅，体态矫健的巨海燕和一些不知名的鸟儿，成双结伴地不时在我的头顶盘旋。岩石裸露的山坡和洼地里，懒洋洋的海豹一声不响地在那里酣睡。当我走到它的身旁大声吆喝，它也仅仅睁开血红的眼睛，轻蔑地瞅上一眼，或者不耐烦地抬起那小小的脑袋，似乎抱怨道：“干吗那么讨厌，你嚷嚷什么？！”

再往前走，岩石平台的尽头依然是海，海边堆满座座冰山。我很想走到海边去，拍下一些难以重睹的镜头，更希望从容地攀缘那陡立的雪坡，登上它的顶峰，可是这时，母船在远处拉响了不安的汽笛，原来天气又变坏了。

南极的暴风雪又包围了雷克鲁斯角，狂风在海滩上呼啸，散乱的雪花使我们的视线变得模糊起来。风雪中只能听见母船拉长的汽笛声和小艇那边急促的口哨声，不能再耽搁下去了。

我跌跌撞撞地跑着，朝风雪狂舞的海滩飞奔。我的身后已经不见人影。在搁浅的小艇上挤满了人，还有一些人站在没膝的海水里，奋力将小艇推出海滩。我跑得很急，脚下又滑，一不小心被石头绊了一跤，但也顾不上疼了，爬起来继续跑。到了海滩，我只好重新脱下靴子，挽起裤脚，蹚进冰冷的水里。这一次，水更深了，裤脚挽起也无济于事，连内裤也湿了……

小艇突然启动了，我回眸那漫天飞雪的雷克鲁斯角，雪岭、冰川和岸边的海滩都已渐渐模糊，突然发现一杆红旗倔强地挺立在海滩上，那样醒目，那样耀眼，像雪地上点起的一团火焰……

我心里猛地一热，“南极半岛，我们还会再来的……”我心想。

南极夏至饮茶记

虽然大伙儿都这么说，现在是夏天，我却半信半疑。眼前这冰封、寒冷、毫无生气的世界，很难和“夏天”这个词连在一起。

见不到争奇斗艳的花儿，也没有青翠的绿色。天公摆出一副满腹怨气的怒容，阴沉沉的，动不动给你一个下马威。狂暴的飓风搅起漫天的雪花，在广阔的冰原上奔腾，在冰山林立的海上掀起骇人的浪涛。这就是南极的夏天吗？我待在墙板“咯吱”作响的长城站里，眼望结着冰花的玻璃窗，心里直犯嘀咕。视线所及，风雪弥漫的雪野冰原，见不到生命的足印，而我们考察站主楼的大门已被几米深的大雪封住了。

不过，度过了一个漫长的极地冬天的越冬队员，似乎从呼吸的凛冽的空气中，从堆在窗前的积雪厚度的变化中，或者从大自然难以捉摸的信念中，感受到了季节变换的脉搏。不管问谁都异口同声地回答——南极的夏天确实来了！

暴风雪过去之后，推开积雪掩埋的密封门，走向站区几千米以外的冰雪世界，我想去寻觅南极夏天的踪迹。

果然，仅仅几天工夫，南极的夏天就迈着轻盈却坚定的步伐悄然而至，从遥远的天际朝着冰封雪锁的南极走来。它的脚步所经之处，冬天的壁垒随之崩溃。冻得如钢板般坚固的白茫茫的海冰，在它的脚下有了龟背似的裂隙。碧波的涟漪欢笑、腾跳，万千的碎银玉片熠熠闪光。停驶海湾入口的那几座蓝幽幽的冰山，曾经威严地傲视一切船只，这时也日渐消瘦，仿佛患了重病似的不堪一击了。在长城站隔海相望的一个小岛上，一只只钻出蛋壳的毛茸茸的企鹅幼雏，用它们沙哑的叫声，迎接南极夏天的到来。不仅如此，我在积雪盈尺的山谷，居然也找到了南极夏天的踪迹。那里有个小小的淡水湖，整个冬天，小湖冻僵了，大雪毫不留情地将它埋了起来。此时，这个被囚禁多时的小湖，也挣脱了冰雪的桎梏，像一块晶莹的翡翠安详地躺在阳光的怀抱里。

最值得称道的，恐怕要数极地的太阳了。在驱散了孕育风暴的阴云和寒凝大地的长夜之后，南极的太阳以异乎寻常的慈爱拥抱了这片冻僵的冰原。她使我想起伟大的母爱，世间恐怕也只有母爱才有这样博大、无私的胸怀。在整个夏天，南极的太阳打破了日出日落的常规，日日夜夜厮守在冰原上空，似乎要用她的全部热力、全部生命，来温暖这片冻僵的冰原。

12月22日——北半球的冬至，一年里白天最短黑夜最长的日子，在季节颠倒的南极却是白昼连着白昼的夏至。

吃过晚餐，我在长城站主楼的过厅，一边换上深筒水靴，一边朝门外张望。耀眼的阳光映照雪地，如同千万面小镜子反射出炫目的光芒。天气异常晴朗，没有一丝儿风，十几只棕褐色的贼鸥和一群洁白的南极鸽，悠闲地在雪地上小憩。我忽然萌生出一个念头，值此良辰美景，何不登高远眺，一来欣赏极地夏至的夜色；二来——这倒是我最感兴趣的——我想亲身体验南极的夏至日出日落的奇观。到过南极点的朋友说，那里，有整整半年时间没有黑夜。地处乔治王岛的长城站，虽然离南极点还很远，但它的白夜也该非同一般的吧。

岂料，“好事之徒”并非仅我一个，气象班的小郝也有此雅兴，愿与我结伴同行，这自然更加鼓起我的勇气。我们的目光不约而同瞄准了站区背后一座高峻的峰峦。那披着皑皑白雪的孤峰耸峙于群山之上，视线可以一览无余，再也没有比它更合适的观赏日出日落的处所了。

我们得到了站长的批准——在南极，队员出野外必须请假，还要结伴而行，这是纪律——从长城站出发，已是深夜10点了。天色依然明亮，四周的山岭雪光璀璨，红霞流辉，如同童话里的仙山琼阁。我和小郝一前一后向山麓走去，两人都是全副武装——厚厚的羽绒服、手套、雪靴、雪帽，全套的雪地远征装束。我没有忘记带上相机。而前面开道的小郝更是叫人吃惊，他手里拎了一只压力暖瓶，晃晃荡荡，不知道闷葫芦里装的是什么药。

顾不上问他，我的两只眼睛一刻不敢离开脚下。路很难走，其实也没有路。我亦步亦趋地跟在后面，小郝起初顺着雪地上的小溪而行。过了长城站后面的发电站，小溪匿而不见，不知深浅的雪坡从山麓延伸开来。小郝停住了，四下打量。松软的雪坡看起来很平缓，但底下埋伏了深沟陡坎，稍不小心就会陷下去。他观察着四周的地形，又继续上路了。

“注意，踩着我的脚印！”小郝回头喊道。

冬天的积雪表面凝成了薄薄的一层冰壳，小郝个子瘦小，薄薄的冰壳完全可以承受他的重量。我却不行，虽然屏住呼吸，轻轻移动脚步，但还是没有轻功，依然压碎冰壳，深深地陷入雪里。这可把我累苦了。每挪动一步，几乎是使出了全身的力气，才把腿从一尺（1尺=0.33米）多深的雪地里拔出。有时更糟糕，靴子陷在雪里，只好一屁股坐下，先救出自己的腿，再从深陷的雪窝里找出靴子，倒掉里面的雪，再穿好——这样轮番折腾，不禁气喘如牛，贴身的内衣都已是汗津津的了。

爬上雪坡费了近一个小时，弄得上气不接下气。这儿的山谷像马鞍、宽宽浅浅的，铺着晶莹洁白厚实的雪，很像医院病房漂白的床单，一尘不染不说，还没有鸟兽践踏的足印。近在咫尺的山峰拔地而起，白的雪，黑的山岩，勾勒出陡峭险峻的气势。峰顶罩着红云，既威严又诱人。不过，山谷背阴的坡面，雪依然很厚，寒气袭人，冬天似乎还藏在那里。四周静极了。听不见风声，也听不见山脚下的海的喧嚣，似乎一切都在用一种异样的沉默注视着我和小郝，这山峰，这雪谷，这黑色的岩石，以及这触目皆是的白雪。

我索性仰面朝天躺在白“床单”上，大口大口吸吮冰冷的带有一丝甜味的空气，尽情舒展四肢。小郝倚着山岩，笑对着我，很体谅我的狼狈相。山下的橘红色的建筑群，像积木点缀在雪地上——那是长城站的房屋，此时山峰的阴影盖住了它们，轮廓渐渐模糊。不过，海湾对岸却是鲜亮透明、光灿无比的世界。银盾似的大冰盖，海里漂着的几座冰山，甚至连纹丝不动的海水，这时也全被晚霞点燃起来，金黄的、橘红的、绛紫的、银灰的光芒四处迸射，不断变幻着迷离的光华。从冰盖穹隆状的表面升起缕缕云朵，镶了金边，透着绯红，如同腾跳兴奋的火舌。在只有黑白两种色调的南极，唯有日出日落时的霞光才能描绘出如此色彩纷呈的图画。

我着急了，不敢再不动弹。凭经验，璀璨的晚霞是夜幕降临的前奏，再不抓紧，怕是不等我们登上面前这座山峰，太阳就已经沉入海的深渊了。

小郝的行动快，三步并作两步，迈过山谷的雪地，在那里寻找登山的路径。我踩着他的足印，一步步朝山麓挪动，越接近山麓雪越深，步履更难了。

山峰不算高，仰面望去，坡度好陡。黝黑的山岩不堪南极的酷寒，表面冻酥了，像干泥巴似的裂成不规则的碎块。新露出的山脊又如刀刃一样锋利，几乎无法落脚。偏偏这时又起风了，来势很猛，夹着雪雾从斜刺里横扫而来，我不得不转过身，把背朝着大风吹来的方向。

小郝决定放弃从山脊爬上去的计划，选择了两道山脊之间的一道沟壑，看来也只好如此。沟底堆满风化的碎石，融雪渗于其间，很容易滑倒。好处是风小，又安全。不过攀爬起来也相当费劲，抬腿踏步都要小心，脚下的碎石像雪崩一样“哗哗”坠落，稍不留神就会连人带石都滚下山去。

我弯腰弓背，一步步挪动沉重的双腿，向峰顶做最后的冲刺。当峰顶仅剩下几步，眼看触手可及时，每迈一步都格外吃力，我的心脏似乎要跳出胸膛，太阳穴“突突”轰响，汗水不仅湿透了衬衣，连头上的绒帽也可以绞出水来。这时，率先登顶的小郝一手紧紧抱着一块巨石，探身伸出手臂抓住了我的手——没有他的帮助，恐怕我是难以登上顶峰的。

我累瘫了，无力地倚着一块巨石坐了下来，喘着粗气，好让狂跳的心脏稍稍平静。这时，一杯冒着热气、清香扑鼻的茉莉花茶端到了我的嘴边。还是小郝，他好不容易从山下带来的暖瓶派上了用场。

从来没有一杯清茶使我视为世间的珍宝，没有一杯清茶如此芳香，如此暖人心窝。一辈子品味过多少回茶，都没有在我的脑海里留下过这样的记忆。我忘不了，永生永世忘不了，在南极的山巅，在夏至的寒夜，我从小郝手里接过的这一杯喷香的茉莉花茶。

饮完茶，心神稍定，方才发觉观赏日落日出奇观的愿望落空了。天色骤变，浓黑如漆的乌云从西海岸贴着大地压了过来，像一支张开黑帆的无敌舰队，乘着夜色飞快地朝冰原扑过来，动作敏捷，没有声息，有一股令人恐怖的气势。再转过来朝四下望去，不知什么时候暮色四合，远处的冰原，近处的雪谷，如同墨镜中的景物失去了原有的色调，都变得暗淡下来。

我和小郝相对无言，最后还是他打破了沉默：“走吧，看来今天看不见日出了……”他似乎有些抱歉地说。

其实，我很知足，虽然没有看到日出，但我们都忘不了冬至这一天，不，应该说是南极的夏至这一天的非凡经历，何况还有那杯令人回味无穷的茉莉花茶呢！

下山没用多少时间，有几段路是坐在雪坡上滑下来的，像儿时坐滑梯一样，回到灯火通明的长城站，已是深夜1点了，天际露出蛋清的颜色，天快亮了……

纳尔逊岛的小木屋

漫长的南极冬天，黑夜笼罩着冷寂的冰原雪野，暴风雪把小小的长城站掩埋在雪堆里。

一天傍晚，踏着半尺（1尺=0.33米）来深的雪，我攀上了长城站南头马鞍形的山峦，站在山头极目远眺。对岸是银光耀眼的冰雪世界，看不见人迹，唯有亘古不化的冰盖傲视苍穹，散射出凛凛寒光，仿佛那里的一切都凝固了，冻结了。那就是纳尔逊岛。

捷克站就在纳尔逊岛上，那儿只有两个人。在这个与世隔绝的冰雪小岛，两个捷克人是怎样生活的？他们怎样熬过寂寞孤独的极地严冬，又是怎样的一种信念支撑着他们去战胜大自然的严寒考验呢？

我做梦都想去纳尔逊岛。好不容易盼来了狂风飞雪过后一个难得的晴天，我终于获准去访问捷克站。

橡皮艇像铁犁似的翻开波浪，渐渐驶近小岛。眼前出现一片积雪的谷地，只有陡峭的山岭钻出冰层，露出座座尖峰，岸边是不宽的砾石滩，像一道镶在白色长裙上的花边。

几乎同时，好几个人都惊叫起来：“瞧，有人跑过来了！”

我抬头望去，积雪的山坡果然有个黑不溜秋的小木屋。门被推开了，里面奔出一个人来，接着又有人尾随而至。他们显然发现了我们，兴奋地挥动双臂，大步流星地朝岸边奔来，很远就听见了他们的欢叫声。

橡皮艇擦着水底的砾石靠了岸，两个捷克人也跟到海滩，他们大声地问好，忙不迭地拉住小艇的缆索，缠在大石头上将小艇牢牢拴住。

我们按照南极人的礼节热情拥抱，相互问候，然后踩着没膝深的积雪向上攀爬。捷克站建在半山腰，背后是高耸的陡壁，对面险峻的山峦是这一带的制高点，奇怪的是，山顶上竟竖着一根高高的木头杆子。

蓄着金黄大胡子的雅罗斯洛夫·胡斯是捷克站站长，他说那是他们的信号杆，是向乔治王岛各国观察站发布信息的标记。如果杆子立着，表明他俩安全无恙；倘若杆子倒下，则意味着他们出了危险。当人们发现杆子倒下，便会立即赶往纳尔逊岛，营救孤岛上的捷克人。

一点不用夸张，就我到过的许多国家的南极科学考察站，捷克站是最简陋、最寒碜的了。它简直就是贫民窟的棚屋，材料拼拼凑凑，也不成个式样，仅仅聊避风雪罢了。它由两间各自开门的木屋连成一体，外面包上铁皮。其中一间进门是仅可容身的过道，里面是烟熏火燎的厨房兼餐厅。所谓厨房，不过是放在墙角的柴油炉，既烧水做饭，柴油炉的散热片还可驱散小屋的寒冷。玻璃窗前，摆了一张破旧的木桌，靠墙有张长椅，这就是餐厅了。里面的墙底下遮了一块布帘，掀开一角，竟是黑洞洞的地铺。捷克站唯一的队员，身高1.80米的雅罗斯洛夫·罗萨克有些不好意思地说，这是他的卧室。

隔壁一间木屋相比之下干净整洁多了。进门的小过厅堆放着滑雪板、雪靴。里间横放着一张床，床头有一个带烟囱的铁炉，不过没有生火。窗前的木桌上放着一台打字机和一盏煤油灯。四壁的空间，钉了许多木架，堆放了书籍、玻璃器皿和各国考察队赠送的小纪念品。身材魁伟的胡斯说，这间木屋是工作室，他每天都在这里工作到深夜。

“你住在这儿？”望着被褥单薄的床，我问。

胡斯摇摇头说：“不，我住在下面——”他指的下面是海边不远的一座三角形小木屋，半埋在雪堆中，仅可钻进一人。胡斯一个冬天都睡在那里。那座薄木板小屋，既没有取暖设备，也不能防寒。在寒冷的极地冬天，可想而知，恐怕和冰窖差不多。

捷克站的正式名称是瓦斯洛夫·伏尔切克站，这是捷克一位南极探险家的名字。1928年，他随美国考察队前往南极，是第一个到达南极的捷克人。1988年，捷克组织第二支考察队前往纳尔逊岛，在这儿修了两个非常小的窝棚作为考察站。“的确，这几个小屋只能算作窝棚，这儿没有电，没有能源。这样也好，我们尽量让这儿的建筑不影响周围的环境，让它成为自然的一部分，这是我们的主要目的。”胡斯说。

1989年1月，45岁的胡斯、20岁的罗萨克和另一个同伴离开了捷克，开始为期一年的第三次南极考察，这次的主要任务是越冬。捷克南极机构在物色人选时，选中了胡斯担任考察队队长，不是没有理由的。

体魄健壮的胡斯是个勇敢的职业探险家，对滑雪和航海十分在行。他说：“我们到南极来探险是没有任何报酬的。虽然政府很支持这项活动，但经费却需要自己想办法。幸运的是，我们得到了社会各界的支持，一些基金会和银行提供了为数不多的资金。我们特别感谢女医生珍妮，她为我们提供了很多药品。”胡斯还说，对他们这次越冬进行心理调查，便是珍妮医生的一个研究项目，她是研究心理学的。胡斯的同伴罗萨克，是个充满活力的毛头小伙子，在捷克军队任报务员兼机械师。据说，他来南极还是经捷克国防部部长批准的。由于没有电台，这位报务员英雄无用武之地。罗萨克说，和他们一起来的还有一个捷克人，纳尔逊岛与世隔绝的艰苦环境使他无法忍受，来了不多久，他终因精神不正常被送回国了。从这件事可以看出，南极并不是人们想象的那样充满诗情画意。这里气候恶劣，条件艰苦，没有坚韧的毅力，乐观的性格和克服孤独、寂寞的心理承受能力，是待不下去的。而捷克站这样简陋的物质条件，更是一般人难以忍受的。

两个捷克人在纳尔逊岛度过寒冷的极地冬天的经历，令人敬佩不已。从他们的言谈话语看得出，他们的生活过得十分愉快且相当充实。没有电，他们点煤油灯，胡斯把两盏马灯吊在屋梁上，借着灯光在打字机上忙个不停。他每天记笔记，把越冬生活的经历见闻详尽地记录下来。“首批越冬队员应该记下自己的经验，供后来的人参考。”胡斯无不自豪地告诉我们，他写了一些越冬的文章，捷克报刊已陆续发表，读者反映十分强烈。另一件开心的事是阅读大量的远方来信。捷克人非常关心生活在冰天雪地中的两名考察队员，不仅他们的亲人和朋友经常来信，许多素不相识的捷克人也来信问候他们，胡斯从厚厚的一摞信中找出一封，兴奋地说：“这是我们总统写给我们的，他为我们在南极度过一个冬天表示祝贺，并祝我们一切安好。”当然，给所有的来信写回信也是一种乐趣。在黑夜茫茫的冬天，木屋里滴滴答答的打字声排遣了孤岛生活的多少孤独和寂寞。

天气晴好、风浪不大的日子，在南极是不多见的。碰上这样的好天气，他俩就划着小艇——他们和外界联系的唯一交通工具，不到两个小时就可到达智利马尔什基地的小邮局。他们个把月总要光顾一次，每次都满载而归，时不时还能收到一大包捷克驻智利使馆寄来的报刊。每逢这天，他们就像过节一样高兴。

当然，纳尔逊岛的冬天，严酷而残忍，生活是艰辛的，时刻都要为生存而搏斗。整个冬天，不论是狂风咆哮，还是大雪纷飞，胡斯和罗萨克都抡起斧子、锤子，每天不停地建房，那间工作室就是他们在冬天劳作的成绩，这间小屋被计划作为将来的科研室。他们劳动条件很差，建筑材料短缺，施工遇到的困难很大。有一次拾掇刨子，胡斯的手被割开了一个很深的伤口，血流不止，止血药都无济于事。胡斯忍着疼找了一根缝衣针，让罗萨克硬是咬着牙，粗针大线给缝合了伤口。

生活的艰辛咬咬牙也就对付过去了，他们认为，冬天最难熬的还不是砭骨的严寒，也不是令人毛骨悚然、几天几夜狂吼不止的暴风雪，而是无边的孤独感。有时，十来天半个月风急浪高，大雾弥漫，坏天气接踵而来，他们只能困守孤岛，看不见一个人，与外界的联络完全中断。面对着静穆的冰原，喧嚣的大海，呼啸的狂风，他们相对无言，寂寞难耐，这时他们越发怀念亲人，怀念祖国……

可以想象，对我们的来访，两个捷克人是何等高兴，又是何等亲切。这是南极人与人之间特有的感情，他们拿出最好的食品招待客人，并且不厌其烦地领着我们到处参观。

海上又起风了，太阳悄悄钻进浓厚的云层，橡皮艇的驾驶员通知我们：天要变了。怀着依依惜别的心情，我们和胡斯、罗萨克一一拥抱告别。船离岸后，他们也将自己的独木舟推下了海，执意要送我们一程。

走出纳尔逊岛不多远，鹅毛大雪就迎面扑过来。我们不敢久留，橡皮艇立即加大了马力。渐渐地，胡斯和罗萨克驾驶的独木舟越来越小，最后消失在纷飞的雪花之中。但那雪地中的小木屋深深地印在了我的记忆之中。它代表了人类的坚强意志，象征着人类探索南极冰雪世界的不屈不挠的决心！

南大洋的风浪

南极的企鹅

智利星星村的小学放假了

捷克人来长城站做客（右一姜佳鹏，左一金涛，中为捷克站站长）

作者在波兰站主楼客厅，墙上油画是波兰第一位到达南极的探险家阿克托夫斯基（Arctowski），该站建于1978年，以他的名字命名

火地岛一瞥

智利站星星村的“南极婴儿”和他们的母亲

印第安人的故乡

寻访“太阳的子孙”

利马的黄金博物馆的展厅，是一个保安措施很严密、设在地下室的黄金窟，四壁一个个玻璃柜，摆满价值连城的各种黄金工艺品；薄如纸张的金箔制成的面罩，金片编在一起装饰的华服，精工细镂的金花、金冠、金项圈、金项链、金钏、金镯子……还有叫不出名目的许多玩意儿。灯光黯淡，恍若黑夜，那展厅的无价之宝像星辰熠熠闪光，令人心醉神迷。

我痴痴地置身于秘鲁首都的这座黄金宫殿，心中不由地想到这些稀世珍宝的制造者的命运。你也许很难相信，这些制作精巧、具有高度艺术价值的黄金饰品，竟是出自印第安人的工匠之手，在西方殖民主义强盗眼里，美洲的印第安人是被当作没有文化、愚昧落后的民族而惨遭杀戮的。

在人类文明史上，恐怕没有一个民族像美洲印第安人的命运那样悲惨了。当欧洲还笼罩在中世纪的黑暗中时，印第安人在与世隔绝的美洲早已点燃了光华四射的文明之火。

印第安人是一个了不起的伟大民族，在漫长的岁月里，他们在天文、数学、医学、建筑、农业等众多领域，创造了高度的文明，就像他们精心制作的黄金饰品至今仍然放射出灿烂的光华。可是，历史是多么的不公正，自从西方殖民者踏上美洲大陆，死神的阴影就一直追随着善良勤劳的印第安人，他们悠久的历史猝然中断，他们缔造的文明之树叶枯干折，他们光荣的过去似乎成为博物馆里的展品，令人喟然兴叹。

因此，当我踏上美洲的土地，很自然地，我的心中始终萦绕着一个执着的念头，这即是很想见一见美洲的印第安人，哪怕是简单地谈一谈，也不负此行。可是，从阿根廷到智利，从智利到秘鲁，眼看访问已近尾声，我们一直没有找到这样的机会。

我差不多快要绝望了……

然而，天无绝人之路。就在快要离开秘鲁的前几天，热心肠的王世申同志，他是我国驻秘鲁大使馆的官员，兴冲冲地跑来说："有了，明天我们就到安第斯山去，那里有一个印第安人村社……"

我高兴得差点跳起来，细一打听，这才知道，我们是得到圣马斯克大学人类学家亚诺斯教授的穿针引线，才得以访问印第安人村社的。亚诺斯教授和他的夫人约兰达，为了研究印第安人的社会和风俗，1970年起在印第安人村社落户，赢得了当地印第安人的信任。村民们把这一对夫妻当作完全可依赖的自己人一样，分给他们一块土地，山区缺水，也像对待所有村民一样，规定了他们用水的时间……由于亚诺斯教授这种特殊的关系，我们才有可能访问生活在安第斯山的印第安人。

清晨，早早儿离开利马，汽车沿着滨海高速公路向南驰行。沿途景色荒凉，大海近在咫尺，终年无雨的大地草木稀疏，满目枯黄。间或也有从安第斯山渗出的泉眼和淙淙的溪流，有水就有生命，顿时冒出密丛丛的林带，人烟稠密的集镇，以及绿油油的田块。妇女们挽起长裙，赤脚在溪边泉畔洗衣服，天真活泼的孩子们快活地在河里追逐嬉戏，可是一离开有水源的地方，充满生机的绿色世界顷刻就在视线中消失了。

汽车的记程表标明走了70千米，大道向西爬进乱石纵横的山谷，急流在山谷中奔腾，两旁的山坡异常陡峭，坡底堆满崩落的巨石，据说这是一次泥石流留下的痕迹。汽车在山谷中的公路行走了十几分钟，地势渐渐升高，这时就在进入大山的入口处，我们受到秘鲁军队的盘查。

这是一处稍缓的山坡，灌木丛铁丝网圈起几间低矮的营房，路口的树下设有检查哨。汽车停下，几名身穿深棕色军服、挎自动步枪的秘鲁士兵迎上前来。亚诺斯教授立即从窗口探出头来，和他们交谈了几句，也许他们是老熟人，士兵们朝汽车里看了几眼，没有纠缠，便挥手放行了。后来我才知道，安第斯山这一带有游击队活动，秘鲁政府军经常和小股的游击队发生冲突，因此但凡进山的交通要道，对过往行人都盘查甚严。

过了检查哨，这才算真正进了地势险恶的安第斯山，汽车的发动机开始吼叫起来，路旁的陡壁直上直下，我们进山的公路就贴着陡壁在山岭盘旋，公路的一边是陡立的危崖，而在另一边，则是万丈深渊，深不见底。这时，谈笑声戛然而止了，大家都默默地注视着前方的悬崖绝壁，特别留心公路的急拐弯处，因为只要稍有不慎，我们就会粉身碎骨。

这一带的安第斯山异常干燥，山坡上看不见茂密的森林，也极少见悦目的绿色，只有深深的峡谷底部，有一线细如白练的急流。在稍稍平坦的山坡的峡谷里，偶尔出现面积小得可怜的梯田。在这一带，随着海拔高度的不同，山麓主要种植菠萝、香蕉等亚热带水果，半山腰种植马铃薯，山顶的高山牧场则以发展牧业为主。

在半山腰，汽车经过一道横跨峡谷的渡桥，终于把深深的峡谷甩在后面，渐渐钻进了白云深处。这时，汽车只能走走停停，因为公路上渐渐出现了赶着牛群的印第安人，也有一些是到地里干活的。亚诺斯教授是他们的老相识，一见面总得要寒暄几句，这倒使我们有机会打量这些“太阳的子孙”。

古代的印第安人崇敬太阳神，自称“太阳的子孙”。但是这里的印第安人完全不像他们戴着羽毛头饰、手持弓箭的先辈了。他们的衣着已经“现代化”，男人除了喜欢戴一顶礼帽，穿着打扮几乎和一般人没有多大区别。妇女的服饰似乎还多少有点民族风格，穿连衣裙，底下着长裤。亚诺斯大概察觉出我的惊讶，以学者的坦率提醒道，这才是今日印第安人真正的服饰，至于某些场合出现的身穿古老民族服饰的印第安人，那不过是招揽旅游者特意安排的罢了。

3个多小时驰行，我们终于登上海拔3700米的山巅，来到我们向往已久的印第安人村社，它的名字叫圣彼得罗卡斯塔。山上山下完全是两个世界，山下正是盛夏季节，人们纷纷到海边去游泳；可是在安第斯山之巅，我们穿了夹衣仍觉得寒气袭人，大有晚秋的劲头。汽车停在村社中心的小广场上，当我们兴冲冲地钻出车子，眼前白茫茫的大雾像潮水一样涌了过来，转瞬之间，山岭、房舍，连对面的人都看不见踪影了。

圣彼得罗斯卡塔是个典型的印第安人村社，但是在历史的长河中，不可避免地渗入了西班牙殖民时期的痕迹。村社的中心区域，山坡上有个面积不大的西班牙式广场，相邻不远是印第安人集会议事的传统广场。这里的政权机构是多元化的，名义上的地方行政长官是根据法律选举出村长，由省长任命；但同时并存着村民委员会和印第安人传统的部族的首脑机构，后者的权威性更胜过前者。据亚诺斯教授说，印第安人至今保留着民主的“遗风”，村社的领导人是民主选举产生的，每年更换，不得连任。每年12月31日进行选举，全体村民在传统广场集会，提出候选人。选举权只限于每户的家长。他们选举的方式也很别致，候选人站在广场中央，村民愿意选谁就站在谁的身后，以候选人背后的人数多寡决定是否当选。此外，每个成年的印第安人都需担任村社的社会工作，承担社会义务。起初，担任管理委员会成员的助手，负责巡逻，管好水源和牧场，以后再担任其他义务性工作，当一个人把所有的职务轮一遍，也就老了，于是就进入“长老院”。这村里没有警察、没有独裁者，一切重大的事务都由村民大会民主裁决。

在广场一侧，一座至少有50年历史的村社办公室里，热情的主人按照印第安人的习俗，接过酒瓶，为我们把酒倾入酒杯，然后一饮而尽，说一声“萨鲁”（“干杯”之意），再将酒杯倒过来朝下一摔，表示已经一点不剩。这样依次往下传，我们和主人共饮一瓶酒，他们就不把我们当外人了。

村社的领导是不久前刚选出来的，他们在介绍情况时说，这个村社有170户人家，3000余人，主要经营种植业和养殖业，有可耕地5000公顷，但是因为干旱缺水，目前能够灌溉的土地只有130公顷。此外全村有20公顷的牧场，饲养了1000头牛，还有几家私人开办的奶酪厂。

聚居在高山上的印第安人，水是他们赖以生存的生命之源。亚诺斯教授说，正是因为这个缘故，当地的印第安人中间流传着许多关于水的神话，对水有种神秘观念。每年10月的头一个星期，是传统的水节，届时举行为期8天的祭祀仪式，祈求水并预测当年收成的好坏。年轻人在地形险峻的地方举行赛马活动，他们以羊为诱饵，擒获凶猛的鹰，然后举行别开生面的鹰牛之斗，倘若鹰胜牛败，那就预示着来年是一个丰收年。与此同时，全村老少一起出动，清理渠道，为即将开始的农耕做好准备，因为10月是南半球雨季到来的时候。

不过，明智的印第安人并不把农业收成的好坏寄托在宗教仪式上。村社领导人告诉我们，为了使所有的土地都能得到灌溉，他们翻山越岭，寻找水源。不久前，人们在山顶找到3个蓄水池，是印加时期他们的祖先开凿出来的，已经有400多年没有用过了。据农业大学的专家估算，这3个蓄水池全部修复，可以蓄水60万立方米，高山梯田的灌溉问题就有望解决了。目前，村民们正在海拔5000米的地方修复一个蓄水池，连晚上都不回家。

天公不作美，大雾越来越浓。圣彼得罗卡斯塔的广场，依山而建的民宅，都隐没在云雾之中。尽管亚诺斯教授告诉我们，印第安人在生产方式、风俗习惯方面还保留不少古老的传统，但我们的所见所闻都是相反的回答：那广场上的教堂，里面信奉的分明是西班牙人带来的宗教，但它已取代了印第安人信奉的太阳神；我们遇到所有的印第安人，不论是80岁的老翁还是黄发垂髫的孩童都讲西班牙语。当然，给人印象最深的，还是现代文明给这个偏远山区带来的变化：25年前这里用上了电，再也不用蜡烛照明了；自来水是7年前安装上的；通往首都利马的公路，每天有班车往来，使自给自足的山区密切了与外界的联系；村里有1所小学，有200名学生；在这个不到200户人家的印第安人村社，富裕的农户开办了奶酪厂，有了自己的汽车，也有少数青年上了大学。我们参观了一间百货店，商品一应齐全，为村民们提供了很多方便……

短暂的访问结束了，热情的主人当场把我们的访问写入一本厚厚的村社大事记里，并向我们宣读了全文。我们是怀着难忘的印象和他们告别的，我们相信，曾经创造了光辉灿烂的美洲文明的印第安人，他们的子孙一定会开拓自己的新生活，在新的时代步入世界先进民族之林。

别了，火地人

（一）

触动我写这篇文章的契机，是刊载于1999年6月13日《参考消息》上的一则毫不起眼的消息。

由路透社6月3日播发的这条消息，说的是“阿根廷最后一名纯种奥纳印第安人昨天离世。南美洲南端不断受到殖民者和搜捕者侵扰的奥纳部族长达9000年的历史就此结束”。

消息透露，56岁的比西尼娅·乔因基特在阿根廷火地岛区的里奥格兰德死于心脏病。她是最后一名纯种的奥纳印第安妇女。据一位阿根廷人类学家说，最后一名奥纳印第安男子是1995年去世的。

消息最后以无可奈何的口吻说：“游牧的奥纳部族在火地岛区的历史可以追溯到9000年以前。奥纳人个子矮但身材壮实。面部特征像亚洲人，他们不断遭到殖民者的武装侵袭。19世纪末，火地岛区设立了好几个保护幸存的奥纳人的机构。但这个古老的部族仍然受到流行病的威胁，还不断有人为获取奖金而搜捕他们。”——于是，一个世世代代生活在火地岛的原住民就这样无声无息地灭绝了。

读罢这则消息，我的第一个反应是无限悲哀。因为比起今天引起传媒格外重视的珍稀野生动物遭到人为杀戮的消息，例如，前些日子关于可可西里的藏羚羊被猎杀的追踪报道。生活在火地岛上的一个古老民族的灭绝，似乎并没有引起人类社会足够的重视，人们的反应以及传媒的反应，都显得近乎无情的冷酷。这是其一。另外，10多年前，我曾有机会多次前往南美洲的最南端，并在火地岛住过一些时日，我也曾对生活在火地岛的原住民的悲惨命运做过粗浅的了解。因此读了这条消息，不免勾起我的许多零碎的却又难忘的记忆。

其实，路透社的消息所说的“奥纳印第安人”，即南美洲南端火地岛及其邻近小岛上的印第安人，通常泛称“火地人”（Fuegians），亦有译为“火地岛人”。火地人根据体型特征、生活方式及社会发展阶段，又可分为奥纳人、阿拉卡卢夫人和雅甘人。其中奥纳人原居住地在火地岛的北部和东部，他们自称塞尔克南人，以捕骆马为生，使用琼语，属印第安语系琼语族。

阿拉卡卢夫人，身材矮小，居住在麦哲伦海峡以北的斯图尔特岛、布雷克诺克半岛及巴塔哥尼亚海峡附近，以独木舟往来于海上。雅甘人则散居于火地岛的南部及附近的小岛上。这两支火地人生活方式相近，都是使用弓箭、鱼叉和长矛捕猎海兽为生，食海兽肉，用水獭和海豹皮制披肩御寒。

火地人懂得用火，以篝火取暖，点火把燃烟是原居民传递信息的一种方式。1521年10月，葡萄牙探险家麦哲伦进行人类有史以来第一次环球航行，船队通行寂静而阴晦的麦哲伦海峡，一堆堆篝火的亮光在黑夜笼罩的岸边闪烁，于是便将那片地方称作“火地”，这就是火地岛命名的由来，火地人也因此获名。

那么，火地岛究竟是个什么样子的地方？火地人为什么会灭绝呢？

10多年前的一天，我从阿根廷首都布宜诺斯艾利斯启程，向南飞行了3200千米，来到火地岛一个号称“地球最南端的城市”——乌斯怀亚（Ushuaia），它是阿根廷最遥远的边疆——火地岛区的首府。

火地岛，位于倒三角形的南美洲的顶端，一条弯弯曲曲、长达560千米的麦哲伦海峡将它与美洲大陆分隔开来。火地岛的主岛连同周围的小岛如莱诺克斯岛、皮克顿岛、努埃瓦岛等，总面积为73746平方千米，相当于两个我国台湾岛，主岛火地岛面积48700平方千米。1881年，智利和阿根廷两国同意将火地岛主岛一分为二，由大西洋圣埃斯皮里图角沿着西经线68°36'38"以及东西走向的比格尔海峡划定边界，于是火地岛东部的三分之一归阿根廷，行政中心是乌斯怀亚，西部的三分之二归属智利，行政中心是位于麦哲伦海峡的港口城市彭塔阿雷纳斯。

我在10多年前一篇题为《火地岛见闻》的文章里，是这样描绘我眼中的火地岛的：

“我们暂住的旅馆有个挺别致的名称——山毛榉旅馆。山毛榉是火地岛那些白雪覆盖的山坡上分布极其普遍的一种耐寒树木。从我房间的大玻璃窗向外眺望，我时常感到疑惑，很难把眼前的景象和教科书上关于火地岛的描写统一起来。在我的印象里，火地岛是寒冷的代名词，这个南美最南端的孤岛，潮湿、寒冷，终年笼罩着阴沉沉的冷雾，凛冽的海风带来极地的严寒、风雪和使人难以忍受的潮气，岛上没有阳光，没有温暖，毫无生机……”

“然而，这时正是火地岛的黄金季节，蓝天澄澈，温暖的阳光慷慨地倾泻在海湾、雪山、森林和牧场上。在我的窗下，是一个坡度突然陡峭的山坡，山坡上的草地像一块巨大的绿毯，一直伸展到山麓的公路边。草地上有很多美丽的花，有一种花像宝塔似的，花穗上开满红色、紫色、鹅黄色的鲜艳花朵，这种南美特有的花儿叫‘奇比诺’，野地里、森林里、家家户户房前宅后的小花坛里都有，非常可爱。”

“火地岛夏天的景色分外迷人，这里的一切都富有大自然原始的、朴实无华的美，就拿我们所在的乌斯怀亚来说吧，这是一座背山面海的港口城市。说得更确切些，它坐落在山和海的怀抱里。南面，港口的码头面临波平如镜的比格尔海峡，如果不是有人提醒，你会把它当作群山环抱的一个湖泊。殊不知这条蜿蜒曲折、伸进岛屿的海峡，是沟通大西洋和太平洋的重要通道。海峡的碧波尽头，黛色的山峦绵延起伏，峻峭的山峰白雪皑皑。风平浪静的时候，巍巍雪峰在宁静的海湾投下可爱的倒影，使人不禁想起瑞士的秀丽风光。在印第安语中，乌斯怀亚是‘观赏落日的海湾’的意思。每当日落黄昏，我从山毛榉旅馆所在的山头，眺望晚霞中的海湾，但见远处积雪不化的山峰染上淡淡的红色，雪线以下的山坡覆盖着葱郁的森林，在渐渐升起的雾霭中，更为静穆。这时，凝望那倒映着晚霞的海水和开始出现几颗星辰的苍穹，你的心仿佛也随着那山后的落日一齐下沉，沉到那幽深的海水之中。当初，印第安人也从这海湾的落日，感受到大自然的无比壮美吧。”

“乌斯怀亚背负着白雪覆盖的勒马尔歇峰，即使是盛夏，山顶的积雪也不会全部融化。坡度平缓的山坡和山间谷地，长着山毛榉、野樱桃等寒带树木。离城区不远的山坡，树木早已被砍伐殆尽，如今长满茂密的青草，成了很好的牧场。在城区东北，沿着海滨公路的方向望去，只见五峰并峙，形状奇异，山峰如同斧削，一座比一座高。据说，这是冰川作用的产物，这就是乌斯怀亚有名的一景——五兄弟峰。”

我还提到占地63000公顷的火地岛国家公园的美丽景致，它是阿根廷唯一拥有雪峰、湖泊、海湾和原始森林等多种自然景观的旅游胜地：

公园内山岭逶迤，森林茂密，公路不时穿行在阴暗的密林之中，仿佛钻进了密不透风的绿色隧洞。有时经过一片开阔的山谷，绿草如茵，清澈的溪流在谷地蜿蜒，一座木桥跨过湍急的溪流，深山空谷传来阵阵鸟鸣，越发显得幽静。当汽车吃力地爬上山坡，忽然眼前出现一泓碧波，那是一个山间小湖。宁静的湖水倒映着积雪的山峰，好似一幅令人陶醉的山水画。翻过山岗，汽车转瞬之间又将我们带到海浪轻吻沙滩的海滨，那里海湾楔入深深的山谷，对岸是一个寂静无人的圆形岛，海边的高地堆积着厚厚的、疏松的贝壳层，据说是印第安人留下的遗迹。

“这里的山坡上、谷地里，几乎是清一色的山毛榉，间或也有野樱桃、桦树等寒带树木，景象显得比较单调。大概是岛上风大的缘故，加上土层瘠薄，树木的根扎得不深，不少地方成片的树木被风刮得东倒西歪。这就是称作‘醉汉林’的一种特殊景观。在土层较厚的山谷里，树木密密丛丛，不见天日，许多树上长满金黄的‘果实’，好像圣诞树上点缀的灯泡。我们让汽车停下，攀缘树枝，摘下树丫上长成一团的‘果实’。原来这并不是树上结的果实，而是一种寄生菌，外形大小酷似荔枝，只不过颜色金黄，像海绵一样柔软，表面还有许多空隙。这就是有名的‘印第安人面包’，可以吃。我们摘了几个尝尝，甜津津的，味道还不错……”

这便是我眼中的火地岛，南美大陆南端一块绿色的翡翠。我虽然在这里仅仅逗留了几天，她留给我的印象却是难忘的。

不过，遗憾的是，我在火地岛上始终没有见到一个火地人，不论是奥纳印第安人，还是阿拉卡卢夫人和雅甘人。所有当年生活在这块土地上的原住民，踪迹全无，他们似乎全部消失了。

那几年，我几次在智利火地岛的首府彭塔阿雷纳斯逗留，虽是匆匆而过，印象却很深。这座极富南美情调的小城，依傍麦哲伦海峡的黄金水道，历史上有过令人自豪的辉煌。想当年，各国的远洋巨轮，无不是经由麦哲伦海峡往来美洲东西海岸。繁忙的航运、进出的船只、来往的船员和商人，给彭塔阿雷纳斯带来了源源不断的金钱和商机。论城市规模，它比乌斯怀亚大了不知多少倍。现代化的码头货栈、宽阔的大街、宏伟的西班牙式广场、终日熙熙攘攘的商业区和典雅的欧式住宅，以及旅馆、酒吧、餐馆及夜总会等应运而生。巴拿马运河1920年正式通航后，过往的船只不再绕行麦哲伦海峡，彭塔阿雷纳斯风光不再，开始衰落了。不过，近些年情况又有了变化，由于巨型油轮难于通过巴拿马运河，加上彭塔阿雷纳斯地处南极考察前哨，各国的南极考察船往往从这里出航，或者中途停靠补充淡水与燃料，彭塔阿雷纳斯也开始复苏了。

记得10年前最后一次路过彭塔阿雷纳斯，人不留人天留人，因买不上机票，索性安心地在武器广场附近一家合恩角旅馆住了下来。闲极无聊，我便去寻找原住民的踪迹。租了一辆小车，驱车前往荒凉的南美西海岸。那一带阒无人迹，起伏的山丘布满茂密的森林，不时遇见成片成片枯死的老树，那倒卧的粗大树伞用脚轻轻一击立即粉碎。不知是何年何月砍伐的老树，亦不知伐后不运走任其朽烂的缘由。

走到陆地的尽头，爬上高高的覆满青草的陆崖。海浪拍岸，海天寥廓，陡崖之巅有旧日巨石垒起的炮台，几尊古铜炮被潮湿的海风染上斑斑锈迹。离这里不远的山坡，绿草绵芊，木头栅栏包围的一方庭院，有几排工棚似的木屋，还有一炮矗立的木结构的小教堂，据木牌上的说明文字，这里是当年欧洲移民最早登陆的聚居地，如今特地作为古迹保存下来供人参观。

返回的路上，经过一处智利边防军的哨所，约有一个班的士兵在此驻扎，方知这里是边防要地。那些年轻的士兵很乐意为他们照相，这是我们一路见到的唯一的智利人。至于当年生活在这一带的火地人，连同他们的遗迹，我始终没有见到，大概早已荡然无存了。

有没有人见过火地人呢？有！

（二）

关于火地人的情况，今天所能见到的最权威的记载，恐怕只有英国生物学家、进化论的创始人达尔文的著作了。

达尔文是亲眼见到过火地人的科学家，并且是对火地人的体型特征、生活方式以及他们的风俗习性做了细致入微的观察研究的第一人。

1831年，年轻的达尔文随英国海军舰艇“小猎犬号”开始为期5年的环球航行，于1832年年底来到火地岛进行科学考察。那时，火地岛上还有很多奥纳印第安人及其他两支火地人，达尔文称他们为“火地岛人”。

达尔文的《小猎犬号环球航行记》专有一章题为“火地岛”，记载了火地岛的地形、气候、植物、动物等自然特征，其中尤其是对火地人的记载格外翔实，是关于美洲最南端的原住民最为逼真的风俗画卷。

我所见到的《小猎犬号环球航行记》是台湾商务印书馆1998年

8月出版的最新修订本（周邦立译，叶笃庄修订）。该书最早出版于1839年，100多年后的1957年在我国由科学出版社出版中文译本，书名为《一个自然科学家在小猎犬号的环球航行记》。小猎犬号即H. M. S. Beagle，亦有译为“贝格尔舰”的，全译名为“小猎犬号皇家军舰”。

我们且看达尔文在书中是如何描写火地人的：

“1832年12月17日，今天午后不久，我们绕过圣迪戈角（Cape St. Diego），驶进著名的勒梅尔海峡。紧靠着火地岛的海岸前进，在云雾中，隐约看到崎岖而荒凉的斯塔腾岛（Staten I.）的轮廓。下午，停泊在好结果湾（Bay of Good Success）。在驶进海湾时，我们受到火地岛人的欢迎，他们以欢迎未开化地方居民的方式来欢迎我们。一群火地岛人，他们的一部分身体被茂密的森林遮掩着，高坐在一座突出于海面上的悬崖上；当我们驶经他们旁边的时候，他们手舞足蹈，挥舞着自己的破烂的衣服，高声喊叫。这些未开化人随着我们的船前进，天色将黑以前，我们望见他们的火堆，再次听到他们粗野的喊叫。”

“翌日清晨，船长派遣一队人和火地岛人联络。当我们走近可以听见人声的地方，对面来了4个火地岛人，其中的一个迎着我们走来，开始热烈地高声喊叫起来，表示愿意指点我们登陆的地点。我们上岸后，这些人好像有些惊慌，但仍继续讲话并连忙做手势。这的确是我从来没有见到过的最奇怪和有趣的情景，我真想象不到野蛮人和文明人之间的差异有多大：这种差异要比野生动物和家养动物之间的差异还要大，因为人类具有一种巨大的改进能力。那个主要的讲话者是一个老人，看上去是家族之长；其余3个人则是年轻力壮的人，身高约6英尺（1英尺＝0.3048米）。他们的妇女和小孩们都已经被送到别处去了。这些火地岛人完全不像居住在更远的西方一带的瘦弱可怜的人种，他们似乎很接近麦哲伦海峡一带的著名巴塔哥尼亚人。他们唯一的衣服，就是一种用羊驼皮做成的斗篷，驼毛披露在外面；他们时常把这种斗篷甩到一旁，因此他们的身体就变得半裸半掩。他们的皮肤呈灰暗的赤铜色。”

“这个老人的头上，围绕着一条白色羽毛做成的带子，把一部分粗硬的、杂乱的黑发束住。他的脸上画有两条宽阔的横带纹：第一条是鲜红色的，从左耳到右耳，连上嘴唇也涂抹上了；第二条横带纹白得像粉笔一样，就画在第一条的上方，和它平行，甚至连眼睑也被涂成白色。在另外两个人的脸上，画着黑炭粉的线条。这4个人活像戏台上演出的‘魔箭’剧里的魔鬼们。”

达尔文接着写道，“我们赠送几段深红的布给他们，他们立刻围在颈上，于是我们结为好友。友情的表示是这样的：老人走过来拍我们的胸口，嘴里发出咯咯声，好像是人们在喂小鸡时发出的声音。我和这个老人一起走着，他又几次用这种拍击方法来表明自己的友情，最后则在我的胸部和背部同时用掌重拍3下。此后，他露出胸膛，也要我用同样的方法向他答礼，我照样做了，他好像非常高兴”。

达尔文还特别提到原住民惊人的模仿能力。

“他们最善模仿别人：只要我们一咳嗽，打呵欠或者做出任何一种奇怪的动作，他们立刻就模仿起来。我们中间有一个人斜起眼睛，侧着看人，同时就有一个年轻的火地岛人（他的面部涂满了黑炭，只有一条白色线条横过他的双眼）照样成功地做出了使人更可怕的怪相来。他们把我们招呼他们的话学得惟妙惟肖，并且还记住了一些时间。”达尔文对此感到十分吃惊，“怎样来说明这种才能呢？这是否因为他们的悟力和敏感性——这几点比文明人更强——经过长期锻炼而成习惯呢？”年轻的生物学家这样写道。”

关于火地人的住所、食物、衣着和交通工具，达尔文这样写道：

“12月25日——小港附近，有一座尖顶山，名为卡特尔峰（Kater’s Peak），高1700英尺（1英尺=0.3048米）。该峰四周的岛屿都是由圆锥形的绿岩块构成的，有些地方也夹杂着一些形状不规则的、受热而变质的板岩的山丘……这个小港由于有几个火地岛人的棚屋而得到了‘棚屋’港的地名；可是附近各个港湾都可以由于同样理由而被称为棚屋港。这里的居民主要以贝类为生，因此不得不经常改换自己的居住地点，但是经过一段时间，他们又回到原来的地点，从旧的贝壳堆可以明显地看出这一点，这些贝壳堆时常有很多吨重。有几种植物经常生长在这些贝壳堆上，所以从远处可以根据这些植物的鲜绿色而把它们辨认出来。在这些植物中，有野芹菜（wild celery）和坏血病草两种很有用的植物，但是当地居民还不知道它们的用途。”

“火地岛人的棚屋（Wigwam），从它的大小和形状看来，很像是田野里的圆锥形干草堆。把几根树枝插进泥土里，在外面一侧很粗劣地覆盖几束干草和芦苇，就建成了棚屋，全部工程用不到1小时即可完成，只不过住上几天，就丢弃不用了。在古烈停船场，我看到有一个裸体的人，在一个小茅棚里睡觉，这个小茅棚的覆盖物还没有兔子洞那样多。这个人显然在过着孤独的生活……可是，西海岸一带的棚屋比较好一些，它们外面是用海豹皮来覆盖的。”

“一天，我们划着小船来到伍拉斯顿岛附近的海岸边，半路上正和一只坐着6个火地岛人的独木舟相向而过。这是我看到的最卑陋和可怜的人。在东部海岸，正像我们已经看到的，那里的居民穿的是羊驼皮的斗篷，而在西部海岸，他们穿的则是海豹皮的斗篷。在岛的中部居住的部落，男人们平常都穿海獭皮，或者只有一小片像手帕那样大小的皮，刚够遮住背部，到腰下为止。这块东西用带子在胸前打结，随风飘动。可是，这只独木舟上的火地岛人都是完全赤身裸体的，甚至有一个成年妇女也是这样。这时正下着倾盆大雨，雨水连同海里的浪花从她身上直淌下来。在离开这里不远的另一个港湾里，有一天，一个正在给初生婴孩喂乳的妇女走到船边，仅仅出于好奇而站立在原地不去；当时正下着的雨夹雪，就在她裸露的胸部和她的裸体的婴孩身上融化！这些最可怜的人都有些发育不全，在他们的可怕的脸上，涂着白色颜料；皮肤污秽而且油腻不堪，头发蓬乱，声音嘈杂不清，手势则乱动不明。看到了这些人，简直很难使人相信他们就是我们的同类和这个世界上的居民。时常有人推测，在低等动物的生活中没有什么快乐可言；更加恰当得多的是，也可以对于这些未开化的人提出同样的问题！五六个人在夜间赤身露体，不蔽风雨，像野兽一般蜷曲着身子，睡在潮湿的地面上。无论冬夏，黑夜或白天，每当海潮后退时，他们就必须起身，走到岩石上去拾取贝类。妇女们或者潜入水中捕捞海胆，或者耐心地坐在独木舟上，将装有食饵而没有钩子的钓丝放进水里去，不断用急抽的方法钓起小鱼。如果打死一只海豹，或者在海里发现鲸的腐尸，这就是他们的盛宴了。除了这种可怜的食物以外，他们还以少数毫无滋味的浆果和蕈子来充饥。”

达尔文在火地岛考察的时间延续到第二年（1833年）2月。1834年2月“小猎犬号”再次驶入比格尔海峡，他和岛上的火地人又有所接触。在航行日记中，达尔文记述了火地人使用弓箭、长矛及投石器作战，熟练地驾驭独木舟，以及同一个部落的人平均分享食物和一切财产的观念。对火地人的丧葬形式、信巫术和崇拜自然神，以及食人的陋习等，也都进行了客观的详尽描述。需要指出的一点是，英国舰艇“小猎犬号”所以访问火地岛，为随船的达尔文提供了观察火地岛人的一个极好的机会，还有一个值得注意的原因，正如达尔文在书中所说："1826—1830年，在上一次阿德文丘和小猎犬号两船一同航行的期间，船长菲茨罗伊曾因失去一只小船而捉了几个火地岛人做抵押，小船被偷致使测量队危险万状，他把几个当地的土人，还有船长用一颗珍珠纽扣买来的一个小孩，一起带回英格兰，决定自己出钱去教育他们并使他们信奉宗教。船长菲茨罗伊这次来火地岛的主要动机之一，就是把这些原住民送回故乡。""他起初带走两个男人、一个男孩和一个小女孩，当中有一个男人在英国患天花死去了，现在和我们同船的是：约克·明斯特尔（York Minster）、杰米·巴顿（Jemmy Button），第二个名字Button'纽扣'表明是用来购买他的'金钱'）和菲吉阿·巴斯克特（Fuegia Baskat）。"

达尔文对船上同行的3个火地人以及他们返回故土的种种经历都做了十分有趣的描述，这里限于篇幅不能多做介绍，但有一点是十分肯定的，这3个曾经在英国生活了3年的火地人，很快又回复到原始人的状态。达尔文甚至很失望地说："我无疑相信，他们将会快乐地生活，要是他们从来没有离开过自己的故乡，说不定还要更加快乐些。"

从那以后，时间过去了150年……

（三）

在达尔文访问火地岛时，岛上的火地人是相当多的，我们从达尔文的航行记中也可知道，有时他们驾船在朋松比海峡航行时，尾随的火地人的独木舟有12只，每只独木舟上各有四五个火地人；在他们进入火地岛的港湾后，迅速跑来围观的火地人也有100多人，甚至更多。达尔文曾写道：“夜间，我们企图寻找一个无人的山坳，结果落了空；最后不得不在离开当地居民不远的地方露宿。”虽然在达尔文的书中没有火地人人口的统计，但是根据有关资料，当年生活在火地岛的火地人不少于1万人。

20世纪80年代，我来火地岛时所见到的情形，和达尔文在书中的描写，可谓物换星移，不复当年的旧貌了。用中国人惯用的形容词，也可说是发生了翻天覆地的变化。不过，尽管山河依旧，当我漫步在乌斯怀亚和彭塔阿雷纳斯街头，或者乘船沿比格尔海峡航行，以及从东至西穿过麦哲伦海峡，我在火地岛的旅行始终没有见到这块土地真正的主人——火地人。

在乌斯怀亚海峡的玛依普大道有一幢小小的博物馆，名叫“世界的末端博物馆”，原先是一家银行，20世纪80年代初改为博物馆，也算是这个百年小镇最古老的建筑。

说来也巧，我到乌斯怀亚的这一年，这个地球最南端的城市刚刚庆贺她的百岁大寿。乌斯怀亚是1884年10月12日建城的，为此阿根廷邮政部门特地发行了纪念邮票，在海边建起纪念碑，庆祝活动搞得十分热闹。

这家“世界的末端博物馆”的陈列也是为乌斯怀亚建城100年重

新布置的。我正是在这里找到了火地人最后命运的答案。

值得一提的是，火地岛的移民史恰恰是达尔文乘“小猎犬号”海军舰艇访问火地岛的那一年开始的。博物馆大厅展出的图片和大量实物告诉人们，最早的一批欧洲移民，是在英国传教士詹姆斯·布里奇斯率领下，于1832年抵达火地岛的。

在展厅的四壁和一个个玻璃柜里，我看到的都是欧洲移民在火地岛开发的“业绩”，例如，那里有早期传教士编纂的印第安语——英语字典，译成印第安语的《圣经》，还有一本纸已发黄的厚厚的登记簿，据说是记载印第安人的婴儿受洗礼的花名册。我还有幸遇到一个年轻的穿白裙的姑娘，经介绍，她就是英国传教士詹姆斯·布里奇斯的第五代继承人，她的高祖是第一个来火地岛传教的，在火地岛建起第一个最大的庄园。然而关于火地人的情况，博物馆里却没有片言只语提及。这不能不引起我的极大困惑。

也许是因为我是来自遥远的中国的参观者，很可能是第一批参观博物馆的中国人，博物馆派了一位年轻的馆员陪我参观。他名叫埃尔南·比达尔，只有27岁，瘦高个子，刚从布宜诺斯艾利斯大学毕业不久。据这位年轻的历史学家讲，火地人在火地岛生活的历史至少可以追溯到1000年以前。埃尔南·比达尔说：“我在大学读书时，曾经参加过这里的考古发掘，挖出了一个地道，是当时印第安人活动的遗迹，已有1000年的历史了。”

他接着告诉我有关火地人的遭遇，这都是博物馆里没有展出的欧洲移民的“业绩”：

“自从上个世纪（19世纪）后半叶，大批英国人和美国人移居火地岛，白种人来了以后，黄热病、结核病、麻疹也带上了这个与世隔绝的岛屿，火地人染上了这些可怕的疾病，大批死亡。仅1870年黄热病流行，原住民就死了一半……”

埃尔南·比达尔说：“除了天灾之外，更可怕的还是降临在火地人头上的‘人祸’。白种人移民为了掠夺火地人世世代代居住的土地，建立移民点，兴建种植园和牧场，不择手段地大批屠杀手无寸铁的火地人。”

“殖民当局明文悬赏，杀死一个火地人，可以领到一英镑赏金。19世纪初，岛上还有1万多火地人，可是现在，整个火地岛只剩下2户，还是在火地岛的智利一方。这边，阿根廷管辖下的火地岛据说有两个仅存的火地人妇女，生活在荒无人烟的岛屿北端。”

可以想见，当时的火地岛是怎样一幅凄风苦雨的悲惨画面，岛上的火地人又是处在何等孤立无助任人宰割的境地。很长一段时间，火地岛及附近的罗士道伊岛是殖民当局流放苦役犯的人间地狱。1884年阿根廷才正式在火地岛行使国家权力，派拉塞德上校建立第一个海上警察署。当时岛上唯一的经济活动是捕猎海豹，获取油脂和皮革。19世纪末，火地岛发现了金矿，掀起一段淘金热，吸引了更多的欧洲人来这里淘金。这时火地岛陷入极度混乱之中，海盗在比格尔海峡出没；不法之徒结成匪帮，配备精良武器，发行货币，自造邮票，四处抢掠杀戮，和政府军不断发生流血冲突。而首当其冲的受害者便是岛上的火地人。

于是，火地岛的原住民居民日渐衰落，在经历了一个多世纪的血与火的洗礼后，他们走向种族灭亡的绝路了。

记得我走出世界的末端博物馆的那天，时已黄昏，在对面的码头旁边，有一尊新铸的火地人雕像，披着越来越浓的暮色，吸引我的注意。铜像安放在石座上，这是一个年轻的火地人猎手，身披海豹皮，挎着弯弓，神态忧郁，正在低头沉思，像是在和自己的家园告别。据说铜像是为纪念乌斯怀亚建城100周年而立的。遗憾的是，铜像铸成之日，已是火地人灭绝之时，这不能不说是历史的悲剧。

在《小猎犬号环球航行记》中，达尔文通过观察、对比，对火地人的发展现状做出了极其悲观的结论，他说："我确信，南美洲的这个南端部分的居民，要比世界上任何其他地方的居民，处在更加低级的发展阶段。"他对于火地人的来源和历史演变有过无法解释的困惑，他说，"看到这些未开化人以后，不禁使人提出这样的问题——他们究竟从什么地方到来的呢？究竟在这里有什么东西能够吸引他们呢？或者是有怎样的变化迫使整个部落的人抛弃了良好的北方地区，沿着安第斯山脉这一条美洲的脊柱南下，发明和建造了那些居住在智利、秘鲁和巴西的部落从来没使用过的独木舟，而且最后走到地球上最荒凉的这一块地方来呢？虽然最初不免发生这类想法，但是我们可以确切地说，这类想法也有一部分是错误的。我们毫无理由去相信火地岛的人口在减少下去，所以我们必须假定，他们享受着一份快乐幸福；不管这是什么样的快乐幸福，它足可以使他们感到生命的可贵。自然界使习惯变成万能，并且又使习惯的结果遗传下去，这样就使火地岛人可以适应那可怜的地方的气候和天然产物。”

但是，有一点是可以肯定的，导致火地人的种族灭绝并非是自然环境的恶劣，客观地说，火地岛的自然情况并不像达尔文所讲的那样荒凉（这和达尔文来火地岛的季节有很大关系）。相反，欧洲移民不远万里涌入火地岛的事实，也从另一个侧面说明火地岛是适合人类生存、大有诱惑力的一块土地。但是，正是那些来自文明世界、掌握了现代科学和文化知识的文明人，用他们的“文明”消灭了火地岛上一个古老的、善良的、欠发达的民族。

在20世纪行将画上句号、新世纪的曙光已经在天际初露之际，翻翻昨天的老账也许不完全是多余的。火地人因为落后而被开除“球籍”的悲剧将会促使我们猛醒，振奋民族精神，使我们的国家强大起来，这是每个中国人责无旁贷的。同时，我们也要保持清醒的头脑，不要相信那些伪善的文明人的鬼话，过去如此，将来也是如此……

乌斯怀亚的圣马丁大街

乌斯怀亚市容

位于阿根廷火地岛的省政府办公楼

埃及古文明

尼罗河与金字塔

我是在万家灯火的时分越过地中海飞抵开罗的。说来也巧，今年（指1996年）穆斯林的斋月（阿拉伯语称为“拉玛丹”）是从公历1月21日开始（阿拉伯古历的9月），到开罗的这天晚上，恰恰是斋月最后的一天。汽车从开罗国际机场驶入灯火耀眼的市区，一路所见竟是热气腾腾的景象。街头广场，星光下的草地，尖塔高耸的清真寺里里外外，到处是喜气洋洋的人群。一些大宅院里欢乐的人群有的席地而坐，有的载歌载舞。荡漾着月色银辉的尼罗河两岸的河堤和桥头，还有许多身披白纱的新娘和新郎在家人的簇拥下举行月光下的婚礼，还有许多人家老老小小拥挤在不多的街头绿地，像是举行野餐。我是第一次来到非洲，也是第一次来到伊斯兰国家，但我一踏上埃及的土地，这弥漫着浓烈而富有特色的古文明之风，便将我深深地吸引住了。

倘若问我到埃及首先想看到的是什么？坦率地说，不是闻名遐迩的金字塔，也不是神秘的狮身人面像和法老博物馆陈列的木乃伊——这些，自然心仪久矣。不过，一直在我心中激起历史回荡的，是那条源远流长的伟大的尼罗河。

我曾多少次站在尼罗河畔眺望这奔流不息的世界第一长河，也曾泛舟河中，尽情饱览两岸风光。也许，尼罗河千万年来始终是这样从容不迫地从苏丹注入埃及境内，汇集了热带丛林的充沛雨水和众多湖泊的水量，浩浩荡荡穿行在喀土穆至阿斯旺的高山峡谷之间，形成气势磅礴的瀑布群，然后这条长达6650千米的大河慷慨地用她的全部乳汁般的河水，滋润埃及干燥贫瘠的土地。但是，我的思绪却因此联想到五千年埃及辉煌的古代文明和发生在这块土地上的历史风云。

只有到了埃及，才能刻骨铭心地了解到，没有尼罗河，就没有金字塔所代表的埃及古文明；同样，没有尼罗河，也没有开罗的昨天和今天。希腊伟大的历史学家希罗多德早在公元前5世纪遍游古埃及后写道：埃及是“尼罗河的恩赐”。尼罗河以它的无私慷慨的奉献，孕育了人类历史上灿烂辉煌的古埃及文明，这是毫无疑问的。

开罗，这座拥有1500万人口的埃及首都，不仅是非洲最大的城市，也算得上是世界上为数不多拥有千万人口的大城市之一。

埃及是气候干燥、沙漠蔓延的国家。我几次驱车出开罗城区，一个重要的发现，这座城市几乎没有明显的郊区，出城即是寸草不生黄沙漫漫的瘠土。开罗的年降水量不足30毫米，异常干旱，它位于尼罗河三角洲顶点以南14千米处的尼罗河畔，河水纵贯全城，而在城的东、南、西三面，均是逼近城区的沙漠，所以不难看出，开罗是一座建在沙漠中的大城，正是尼罗河水的滋润，在埃及形成一条丰硕的绿带，也为开罗注入了生命的活力。

开罗的城区大部分建在河东，新城区向河中的岛屿及两岸拓展，有多座桥梁将东西城联结起来。尼罗河东岸及东南部，是历史久远的旧城区，狭窄弯曲的街巷，尖塔高耸的清真寺和昔日造型古朴的王宫、古堡比比皆是。富有阿拉伯风格的汗阿尔卡里里市场以其琳琅满目、雕镂精细的阿拉伯工艺品吸引着外国游人。破旧的楼群、颓败的房屋和席地而坐的悠闲人群，使人感到时间似乎还停滞在千百年前的岁月。

在开罗，你最强烈的感受是古老文明的余晖和现代文明的曙光交织一起，历史与今天是如此错综复杂地交叠辉映，构成对比鲜明的城市特色。在清真寺的高塔旁边，醒目地矗立着美国西部牛仔的香烟广告，最新型的奔驰轿车飞驶街头，马车载着新鲜水灵的蔬菜缓步而行。伊斯兰传统的黑色衣袍蒙着黑色头巾和面纱的女子，挽着身着意大利名牌西服的男人从容地在人行道漫步。而当全城传遍音调浑厚而节奏分明的做祈祷的声音时，电视机里正在转播绿茵场上的足球比赛……

现代化的气息在开罗新城区最为明显。尼罗河中的岛屿及河西一带，作为城市象征的开罗塔高达187米，巍然屹立在绿树掩映的楼群之中，沿尼罗河伸展的科尼奇大街两侧的现代化建筑，以及耸立在河畔的外交部大楼、希尔顿饭店、博物馆等一幢幢高楼大厦，还有河中绿岛上的花园别墅和欧式楼房，与老城的风貌形成强烈的反差。新城街道宽阔，绿化也特别好。当我漫步在新城区的尼罗河畔，但见高大的椰枣树遍植在宽阔的人行道上，行人悠闲地散步或在树荫下小憩；高架公路车流滚滚，河中游艇轻舟往来，岸边雄峙的高楼大厦在阳光下异常壮观。此情此景，不由地使人感受到开罗前进的脚步，它与欧美的大城市相比毫不逊色。

开罗，是镶嵌在尼罗河畔一颗闪光的明珠。她是埃及的政治中心，也是全国工商业和金融中心，水陆交通的枢纽。尼罗河是贯穿上埃及和下埃及的古老水运要道，至今仍在发挥重要的运输功能。此外，通往北方地中海岸的亚历山大、塞德港和苏伊士城，或者南方的卢克索、阿斯旺，均有铁路和水准甚高的公路。航空运输也很便利。十年前的1985年，非洲第一条地铁工程就是建于开罗。

值得一提的是，开罗还是弥漫浓郁的文化气息的古城。这里有众多的博物馆、展览中心、剧院、图书馆，特别是各自拥有10万学子的开罗大学和爱兹哈尔大学，在阿拉伯世界享有盛名。其中爱兹哈尔大学始建于公元972年，是研究伊斯兰法规和阿拉伯文学、历史、哲学的名牌大学，也是阿拉伯世界最古老的学府。此外还有开罗美国大学、爱因沙姆斯大学、赫勒万大学等。埃及在阿拉伯世界算是比较开放的国家，大学向女性开放，所以女大学生很多，这是很值得称赞的。

站在巍峨的金字塔脚下，仰看耸向苍天的尖顶，历史的苍凉感油然袭上心头。

我是在一个蓝天如洗、阳光灿烂的早晨来到这仰慕已久的历史纪念物足下的。摸透了旅游者心态的司机将汽车一直开到一片开阔空旷的高地，估计这里是古老的河床，地上尽是历史长河冲刷得滚圆的大大小小的卵石和沙子，沧海桑田，如今河流早已远去。从这里回眸眺望，那无数次出现在电影和画册中的三座方锥体静静地耸峙在原野上，中间的一座最为高大，两边的次之，而它们的背景则是高远缥缈的白云蓝天和影影绰绰的开罗城。

这里的确是拍照的最佳地点，能够将三座金字塔全部囊括在镜头之中，如果再往前走过去，无论怎样高级的相机，也无法收到同样的效果。

金字塔所在的地方是开罗西南郊、尼罗河西岸名为吉萨的沙漠之中，埃及陆续发现的金字塔有七八十座，但保存完好，规模最为宏伟的就是吉萨的三座，“世界七大奇迹”之一即在于此。

我不熟悉埃及王朝更迭兴亡的历史，据查有关资料（这类资料实在很多），埃及在5000年前即公元前3000多年就已形成统一强大的奴隶制帝国，其间大约在公元前3200年的古埃及第一王朝，开始营建王陵。这时的陵墓只是长方形的台形坟，有砖砌的台基，如第一王朝皇帝乃伯特尔的陵墓即是；到了公元前2800年的第三王朝，发展为梯形金字塔，共六层，为巨石所建，现在保存完好的萨卡拉的昭庙尔金字塔是这个时期的代表。公元前2680年至前2560年的第四王朝陵发展成完整的金字塔，这就是吉萨的金字塔群。但它发展到顶峰时也是走向衰落之日，这以后的新王国时代（公元前1580—前1090年）金字塔渐渐被淘汰，历代帝王将他们的葬身之地改在更为隐蔽的山谷岩窟里了。

吉萨的金字塔是第四王朝法老（国王）胡夫祖孙三代的陵墓，其中最大的是胡夫大金字塔，依次为卡夫拉王和门卡乌拉王的金字塔。两百年前的1798年7月，当拿破仑远征埃及时，一位名为布布安·德诺的法国画家随法军来到金字塔脚下，曾经对金字塔做了如下的描写：“其魅力乃在于形状的伟大和单纯之中。也在于人类的姿态和借由人类之手，所产生的作品之巨大对照和比率之中，我们想努力了解的是何种力量竟能移动、搬运、堆积如此多的大石头，人类究竟为何而工作，究竟需费多少时间，使用何种工具，而这些事越无法说明，我们越会感叹它竟是如此困难……所有一切全都神秘无比。这些建筑物的建筑和构造，也全都神秘无比……”

这位法国人在两百年前的惊叹，似乎足以代表古往今来所有站在金字塔下的人们的共同困惑——我在此之前虽然也浏览过一些有关金字塔的著作，但是一旦站在这石头堆砌的人造山面前，用手抚摸那历经五千年风霜的巨大石块，我的心头一片空蒙。

最高也最为壮观的胡夫大金字塔，据资料记载，高146.59米，因为岁月磨蚀，它的表层剥蚀，仅剩137米，可以清楚看见剥离的坡面和散落在四周的巨大石块。其基部为正方形，边长230米，四个三角形的坡面正对着东南西北，呈51度斜面。这样庞大的建筑物据说是用230万块巨石砌成，每块质量平均2.5吨，最大的达16吨，石块与石块之间严丝合缝，连削水果的小刀也难插入。不仅如此，它的基底正方形各边之长误差不到20厘米，东南角与西北角的高度误差仅1.27厘米——正如许多建筑学家所言，这样微小的误差率，就连现代建筑也难以做到。

居第二位的卡夫拉王的金字塔高度为137米，底边长215.25米，也很壮观。而最小的门卡乌拉王金字塔高度仅为66.4米，底边长108.04米，比起他的祖父和父亲，也是小巫见大巫了。从金字塔的规模和高度，也可看出国家盛极而衰的趋势。

古埃及人和古代中国人的观念有相似之处，相信人死后灵魂不灭，死不过是生的延续，继续在冥间享受尘世的生活。而金字塔便是帝王们生前为自己死后预先安排、精心建造的殿堂。所以在许多陵墓的壁画中，除了歌功颂德的赞美之词，便是帝王和嫔妃们在尼罗河泛舟，在芦苇丛生的沼地狩猎，在花园中宴乐的生活场景，以及他们的奴仆耕耘收割、酿酒采撷、制砖筑屋、吹拉弹唱等画面，这些珍贵的壁画无疑为人们了解古埃及的真实历史和社会生活提供了形象逼真的原始记录。

吉萨的三座金字塔更加引起考古学家兴趣的，是它复杂的内部结构。也许直至今天，学者们也并没有揭开它的全部秘密。我因参观的时间所限，仅仅进入卡夫拉王的金字塔，在塔北面距地面3米处（第四层），架有一道铁梯，可通入口。入口与出口均从一条甬道进出，所以为了不致堵塞，筑有铁栏将狭窄的甬道一分为二，致使本来就很狭小的甬道更加局促了。

不论是我这样约1.8米的男子，还是八九岁的孩子——这天有许多埃及小学生来参观，一进入口，统统要蹲下。甬道为石壁夹峙，高不及1米，而且是坡度很陡的斜坡，至少有50度。为了游人安全，铺了木板，间隔不远辅以横木条，如同搓板，可以防滑。我是低头下蹲，手扶光溜平滑的石壁，一步一步小心翼翼蹲下去的。

下到40多米，甬道呈水平状，高度及宽度大大拓展，可以抬头前行，这里是个长方形空间。再过一条不长的甬道，即是用电灯照明的墓室，空间比前面的更大，高可及4米，但里面空无一物。墓室当中有一道石阶斜坡，可通下面一层，到了下面是一条甬道，可通两个空间，一个是直通的，紧挨里面，但内部结构十分奇特，为巨石镶嵌，呈不规则状，也很矮。它是否通向更深的地方，会不会是另一个墓室的秘密入口，还是有什么用途，均令人费解。退出这个空间，右边又有一个墓室，内有几排很粗的方形石柱，将不大的空间切成几块。它是做什么用的，也不得而知。所有的这上下两层墓室内，既无棺材，也没有像帝王谷的墓道遍饰壁画，均是一座空城。

我来不及深入胡夫大金字塔的内部，但几乎所有的介绍金字塔的中外图书，少不了都有胡夫大金字塔内部墓道与墓室的介绍，还附有非常形象的剖面图，它比卡夫拉王金字塔更复杂些，包含着更大的秘密，这里不再赘述。

金字塔的内部结构是个谜，因为至今人们用现代科学手段测试，尚未搞清楚它的复杂的结构。究竟这庞大的石头建筑物里有多少通道，多少空间？恐怕在短期内仍是未知数，我想，有关金字塔的许多未解之谜，包括它是怎样建造的，古埃及人用怎样的机械搬运、堆积这些质量达几吨至十几吨的石块，它的设计思想和建筑技术，等等。对于今天和未来的人类，永远是众说纷纭、莫衷一是的奥秘。

当年，拿破仑站在金字塔脚下，向他的士兵们说过一句名言：“四千年的历史在注视着你们！”两个世纪过去了，我似乎听见沙漠的风声中传来拿破仑的声音。我想，今天的人类绝对不要蔑视我们的祖先，也许，在许多方面我们还远远不及他们，无论是思维的想象力，还是气魄之伟大，以及他们高超的技艺和严谨的作风……试问，我们有什么可以留给五千年后的子孙呢？！

卢克索访古

卢克索，埃及南方位于尼罗河畔的一座历史悠久的古城，距首都开罗约700千米。

去埃及之前，一位前辈在电话里提醒我，去埃及一定要去卢克索，否则就等于白去了。他是一位著名的建筑学家，20世纪80年代访问埃及时专程在卢克索进行过考察。

到了开罗，一打听，去卢克索的交通很方便。最便捷的是坐船溯尼罗河而上，三天左右的航程，一路可以饱览尼罗河两岸风光，根据克里斯蒂的小说改编的电影《尼罗河上的惨案》便是循着这条路线展开的。只是行程匆促，时间来不及，只好放弃了。

也有火车从开罗去卢克索，一天一夜。但当地朋友劝我打消这个念头，说是很不安全，又说铁路路基不佳，颠簸厉害，我的决心动摇了。

最后的选择只有坐飞机了。一个天气凉爽的早晨，从开罗国内机场乘机飞往卢克索，一个小时后，火红的太阳从沙漠上空冉冉升起，机翼之下，一片绿洲沃野，青翠悦目，沿着蜿蜒的尼罗河伸延，和绿洲外围毫无生气的大漠黄沙形成鲜明对照。

这里，就是尼罗河畔的卢克索。

（一）

卢克索即史书上所谓的底比斯，现代的卢克索城便是建在底比斯的废墟之上的。早在古埃及十一王朝时期（公元前约2040年—前

1991年），底比斯就是当时埃及的首都。从古埃及中王朝到新王朝的两千年间，底比斯以其显赫的地位成为疆域辽阔的帝国中心，城市的发展也十分繁荣昌盛，它的城门就有100多个，被荷马盛赞为“百门之城”，城内建有很多规模宏伟、富丽堂皇的神庙、殿堂和陵墓。这些不朽的石头纪念碑历经几千年的风风雨雨巍然屹立，成为埃及和全人类宝贵的文化遗产，1980年底比斯古城及其墓地被列入《世界文化与自然遗产名录》。

一到卢克索，方才发现从世界各地慕名而来的旅游者之多，令人惊讶不已。我遇到一位拄着双拐的金发碧眼姑娘，兴冲冲地随着旅游团步入卡纳克神庙，一打听，姑娘很自豪地说，她是从巴黎来的。

旅游，给古城带来了繁荣和活力。五花八门的旅行社，出售旅游纪念品的商店和摊贩比比皆是，旅馆、餐馆和在街头游走招揽生意的豪华马车和出租车也很多，旅游业在卢克索经济中的地位是可想而知的。

卢克索有很多神庙殿堂，其中规模最大、保存最完整的当推卢克索神庙与卡纳克神庙。两者之间有一条1千米多长的石板大道，两侧排列着一座座羊面狮身雕像。相传过去路面的石块均包有金箔或银箔，光辉夺目，无比奢华。

古埃及的历史遗址，无论是吉萨的金字塔及狮身人面像，还是卢克索的神庙遗址和法老石雕，不仅建筑的宏伟令人惊叹，其年代之悠远也足以震撼人心。希腊历史学家希罗多德在公元前5世纪遍游埃及时这样写道："奇迹之多，超过别的任何国家，许多工程之伟大实在难以形容。"所以当我面前巍然耸立历经沧桑的一座座历史丰碑，折射着古埃及文明的光辉，我的感觉无异于面对繁星满天的苍穹，不由得感到自身的渺小了。

卡纳克神庙始建于公元前19世纪，巨大的工程持续了几个朝代，凝集了古埃及2000余年建筑艺术的精华。

穿过一条两侧并列着表情冷漠的羊面狮身石雕的甬道，即高如城墙巨大雄伟的塔式大门，塔门两旁各耸立一尊拉美西斯二世雕像（他是第十九王朝的法老），前面耸立着一尊指向蓝天的方尖碑。

大塔门据称是建于2000多年前的托勒密王朝，塔墙厚约15米，高约46米，宽113米。它的内侧墙基堆有泥砖，似乎提示后人，在没有起重机的古代，筑墙的巨大石块是靠码放泥坯然后堆放上去的。

卡纳克神庙有12座塔门，塔门与塔门之间庭院相通，自成格局。由于年代久远，历经沧桑，庙堂殿宇有的倾覆，乱石堆积，其空间布局必须细细分辨方能理出头绪。即使这样，那一尊尊高大的石柱，雕镂精美的石廊和古朴厚重的石墙，仍给人以浑厚质朴的美感。值得一提的是，第二座塔门与第三座塔门之间，圆柱高耸，遮天蔽日，仿佛进入石柱的森林，竟将凌空烈日的暑气挡住，这便是举世闻名的圆柱殿。

圆柱殿亦称连柱殿，建于公元前1300年左右，由西提一世开始建造，拉美西斯二世完成。殿内134根石柱排列成16行，中心圆柱高达21米、直径为3.6米，犹如千年古树一般。石柱上刻满象形文字和彩绘浮雕，有的已剥落，柱头圆盘则是埃及传统的莲花状或纸莎草花状图案。圆柱殿的高大粗壮的柱子除了起到支撑房顶的建筑功能，实际上已是一种营造神秘虚幻气氛的装饰。漫步在石柱之间，视线不时被石柱挡住，以致产生空间无穷尽的错觉，而阳光的遮挡及明暗变化，又不时给人以虚虚实实之感。这也是古埃及建筑的匠心独运之处。整个厅堂长102米、宽53米，气势恢宏，工程浩大，被誉为人类进入现代社会之前规模最大的建筑之一。

卡纳克神庙和南面的卢克索神庙，都是为供奉埃及最高的神——阿蒙的神庙，亦称阿蒙神庙。阿蒙原是底比斯的地方保护神，随着底比斯的地位日益重要，成为全国的政治中心，阿蒙神也日益受到推崇。法老们将一切文治武功归于阿蒙神的庇佑，到处为阿蒙神修筑宏伟的神庙。在当年的一件石刻中，记载了阿蒙神庙的辉煌：它的地板用白银装饰，正门用金银熔铸而成，庙中的法老宝座以黄金与宝石打造，庙前的旗杆也是金银铸造的，富丽堂皇，无与伦比。它的建筑布局呈南北向，沿着中轴线排列着门楼、立柱庭院、立柱大厅和祭祀殿。卡纳克神庙由于历代埃及的法老不断扩建，致使这座占地31公顷的神庙集中了不同风格的建筑群。除了沿中轴线依次建有塔门、圆柱殿、祭祀殿及宴庆大厅外，小厅中有两座著名的方尖碑，是以哈特谢普苏特女王的名义设立的，一块高30.5米的粉红色花岗岩碑石，通体镌刻了象形文字，据说是从阿斯旺经水路运来的。由于历代法老在对神庙的扩建时都不忘自己的“丰功伟绩”，神庙的壁面廊柱镌刻了重大历史事件的雕刻及象形文字，所以卡纳克神庙留给后代的不仅是古埃及建筑艺术的瑰宝，也是内容丰富的历史档案——这些档案是刻在石头上的。地中海沿岸很多国家早已亡佚的历史事件，往往可以在神庙的壁画和题记中找到它的线索。

（二）

从卡纳克神庙出来，日过中天，从远处沙漠吹来的热风毫不客气地脱去游人身上厚厚的衣衫，似乎夏天在转瞬之间悄然而至了。这时，善解人意的导游领着我们进了一处阴凉的所在，那是坐落在僻静街道的一座纸莎草画展览馆。

古埃及文明不仅用坚固的石头构筑的雄伟建筑炫耀它那灿烂的光华，同时也在柔软的纸莎草纸上留下绚丽非凡的光彩。纸莎草纸，可以算作古埃及人的一大发明。

很早就听说过埃及出产一种纸莎草。在开罗参观萨拉哈丁古城堡，许多商贩向游人兜售廉价的纸莎草画，那印在纸上取材于古埃及壁画的图案和人物，给我印象很深。但我一直不知道纸莎草纸的原料是什么植物，更无从了解纸莎草纸的制造工艺。

这家展览馆满足了我的愿望，在那挂满琳琅满目的纸莎草画的展厅，有一个展台正在表演纸莎草纸的原始工艺。

纸莎草，属于芦苇一类的水生植物，尼罗河谷地和三角洲的沼泽最宜于它的生长。纸莎草的三角形茎秆高可达3米，手腕粗细，由于它的纤维富有韧性，古埃及人用它制作各种器具和篮子、衣服、小船、绳索等，甚至将纸莎草捆绑成束用作房柱，但纸莎草对古代文明最重要的贡献是作为人类书写的材料。古埃及壁画中，可以见到人们在茂盛的纸莎草丛宴乐游猎的画面，卢克索神庙高大的石柱也有不少以纸莎草的花茎为柱顶图案，可见纸莎草与古埃及人的生活关系之密切。

我在纸莎草画展览馆看到，工作人员先将纸莎草绿色的茎按一定长度切成小段，就像将蒜薹切成段一样。然后剥掉外面光滑的韧皮，剩下的就像剥了皮的甘蔗芯。这时用锋利的小刀将木髓劈成1.5厘米厚薄的薄片，将它放在水盆里。据工作人员说，浸入水中的纸莎草茎芯薄片要泡6天——这是备料过程。

接下来就是造纸，工艺流程并不复杂：先将浸泡好的纸莎草茎芯薄片按横直交错的方式将两层叠放在布上（或石板上），然后施以重压将水分挤出。工作人员是将铺好的纸坯放入压榨机内，但我相信古埃及人只能用木槌轻轻敲打，或者用石块压在上面。

经过压平、晾干以及修剪边缘和用石头磨光，一张柔软而耐用的纸莎草纸就制作出来了。将一张张纸莎草纸黏结起来便成了纸莎草卷。

古埃及人是什么时候发明了纸莎草纸的？据考古学家在一座第一王朝的古墓中发现的一卷空白的纸莎草卷推断，纸莎草纸的发明不会晚于古埃及第一王朝——那是公元前3100~前2890年，距今五千年之久了。

纸莎草纸的发明，为传播文化提供了最便捷的书写材料，用途十分广泛。纸莎草纸的制造在古埃及相当发达，并且是古埃及主要的出口商品之一，罗马帝国相当长的时期使用古埃及的纸莎草纸，所以有相当多的希腊和拉丁文献是凭借纸莎草纸卷才得以流传的。至于古埃及的文学作品、历史记载、民间传统和科学技术成就，更是有赖纸莎草纸得以保存至今。1862年发现的埃伯斯纸莎草卷，是一部医学纸莎草卷，摘录了至少40种不同书籍中搜集的秘方和笔记，载明药名、剂量和服用方法。据考证成书于古埃及第十八王朝初，它与柏林医学纸莎草卷和赫斯特纸莎草卷，是世界最古老的医学文献。另外，古埃及人成绩卓著的数学也在纸莎草卷中记载下来。一部是现在保存在大英博物馆的莱茵德数学纸莎草卷，据说最后完成年代是公元前1700年左右，是一部关于分数的论著；另一部叫作莫斯科数学纸莎草卷，存于莫斯科博物馆。目前纸莎草学已作为一门独立的学科而诞生，作为古文字学的一个分支，以整理、翻译纸莎草纸上的古文献为主旨，为研究古埃及、古希腊、古罗马等地中海沿岸国家的历史、文学、宗教等提供资料，1947年还成立了一个学术机构，即国际纸莎草学学会。

我们在展览馆里见到的展品，则是画家用绚丽的彩笔在纸莎草纸上绘制的工艺品，内容多为古埃及庙堂和古墓中反映古埃及人生活场景的传统画面，也有现代风格的作品，这些都是很受各国游人喜欢的收藏品。

（三）

古埃及的法老们和古往今来的统治者一样，总想死后也和生前一样享尽人间的富贵荣华，所以在位期间不惜倾全国之人力财力，为自己修建富丽堂皇的陵寝。雄伟的金字塔在公元前3000年的古王国风靡一时，到了公元前2000年的中王国时期，金字塔式的陵墓被法老们放弃——这大概是由于金字塔虽然壮观，却也树大招风难以抵挡盗墓贼的洗劫——从此底比斯的历代法老将目光转向尼罗河西岸的崇山峻岭，决定在悬崖峭壁的山野寻找自己的归宿了。

于是，在卢克索以西便有了一处闻名于世的地方，这便是埋藏了公元前1550年到前1200年间古埃及第十八、第十九、第二十王朝历代法老的陵墓，即帝王谷，也称王陵谷。

从卢克索乘渡轮过尼罗河，上岸驱车西行。沿途麦苗青青，蔬菜成畦，水牛在沟渠上踽踽而行，农人在田间地头忙碌……如果不是那耸立田野的高大棕榈林和时时可见身穿长袍、头缠白色长巾的穆斯林，我几乎以为置身于故乡江南的早春了——这就是尼罗河畔的绿洲风光。

过了绿洲，向山间而去，景色便荒凉起来。眼前的山岭用荒山秃岭形容似乎不为过。目力所及，看不见一星半点儿绿色，既没有树，也不长草。炙热的骄阳之下，泥灰岩的山岭风化厉害，尽是破碎的岩屑碎块，如同一堆堆生石灰叠起的山岭，公路便在这荒凉的山丘间蜿蜒而上。

帝王陵现已发现的法老陵墓共64座，陵墓均是依山而凿，墓室藏于山岩之内。我在开罗参观著名的法老博物馆时，最引人注目的展厅就是古埃及第十八王朝法老图坦卡蒙陵墓的出土文物。图坦卡蒙（Tutankhamen）是阿肯那顿王的女婿，继位时约9岁（约公元前1361年），继位9年就去世了（约公元前1352年），在位期间并无大的作为。但是图坦卡蒙的陵墓出土文物之丰，却意外地使这位18岁英年早逝的埃及法老名垂史册，成为考古史上轰动的事件。正如英国考古学家霍华德·卡特所言：“图坦卡蒙一生唯一出色的成绩就是他死了并且被埋葬了。”但还要补充一句，这就是他的陵墓完好地保存下来而且被人们发现了。

图坦卡蒙陵墓是帝王谷中已发现的唯一幸存的古埃及王陵，说它是唯一幸存下来的，是因为其他的帝王陵几乎都被盗墓贼洗劫一空。有文献记载，许多帝王陵都是盗墓贼与地方官员、僧侣勾结起来发掘盗窃的，这真是绝妙的讽刺。监守自盗看来是古今不变的法则。图坦卡蒙陵虽然也有盗贼多次光顾，也盗走了不少珍宝，但不知什么原因，大部分珍贵的随葬品和墓室中最重要的棺椁均未受损，于是经过英国考古学家霍华德·卡特自1922年至1933年历时11年的发掘清理终于得见天日，成为20世纪考古史上最辉煌的发现之一。

目前，图坦卡蒙陵墓的全部随葬品和棺椁均藏于开罗法老博物馆，占据二楼几个大厅，成为游人云集的参观点。

图坦卡蒙陵墓规模并不大，由甬道、前厅、棺室、耳室和库房几部分构成，但是令人吃惊的是，棺室内的外椁共有4层金光闪闪的木制龛匣，里面套着整块黄色石英岩雕刻的内椁，光是石棺盖就有1200多磅（1磅=0.454千克）。石棺之内又有三重人形套棺，第一、第二重是人形贴金木棺，最内层是纯金人形棺，长1.85米，用厚2.5~3.5毫米的黄金片锤打而成，重60千克以上。里面才是图坦卡蒙的木乃伊，头部罩着形象逼真、年轻英俊的法老头罩。

最值得玩味的是，在石棺里面的纯金人形棺盖上，放着一个枯萎了3000多年的小花环，那是年轻的皇后献给亡夫的。在金光闪闪的随葬品中，这一束花环是极富有人情味的。美丽的花环虽已枯萎，但还能辨出颜色。根据专家对花环上的花朵鉴定，辨别出它们的品种及开花期，从而断定图坦卡蒙安葬的时间是4月底至5月中旬。

图坦卡蒙陵墓中的随葬品数以千计，有家具、雕像、武器、王杖、包金战车以及各种衣物、珠宝，甚至还有这位国王幼时的玩具箱和画具。一件引人注目的木质宝座镶嵌各色玻璃、宝石，通体包金，四条腿为狮爪。另外，还发现了已有3000年的铁匕首依然闪闪发光和放在木乃伊下面纯铁制成的护身枕，据称这是埃及发现年代最早的纯铁制品。至于陵墓大量的壁画和各种箱柜、匣盒、棺椁的图案，更是研究古埃及社会生活生动逼真的资料。

不过，与开罗法老博物馆琳琅满目的展品相比，帝王谷却是令人失望得很。汽车停在停车场后，我们顶着炎炎烈日，在荒凉的山谷中走了半个多小时，眼前的景色如同月球一样洪荒。只是快到了入口处，路旁有些兜售旅游纪念品的商贩，一见旅游者便蜂拥而上。

帝王谷现已辟为旅游点，门票是10埃镑（1埃镑约为0.413元人民币），但不得带相机入内。我参观了其中两座陵墓，陵墓的外形像个山洞，洞前有开辟的斜坡路，入内是长长的甬道，倾斜下行即是多间贯通的墓室。甬道及墓室两侧的壁间，是刻在石膏似的岩壁上的壁画，多数剥落，但尚能辨出其上的象形文字和古埃及人物图像，其中一座陵墓的壁画保存比较完好，已用玻璃罩住，像是一处极美的艺术画廊。但是，遗憾的是，墓室空空如也，所有的棺椁和随葬物，除了收藏于埃及开罗历史博物馆，据说多数被几千年的盗墓贼窃去，也有的被别国的博物馆弄走了。

埃及金字塔与狮身人面像

埃及卢克索神庙

卡纳克神庙雕刻精美的石柱

到金字塔参观的小学生

埃及尼罗河

纸莎草画

本书作者在卢卡索街头

苏伊士运河纪行

苏伊士运河纪行

望断天涯路的大漠黄沙，有几只骆驼踽踽而行。柏油铺就的公路两旁，看不见村庄，也没有绿色的农田，偶尔在路旁孤零零地耸立一块阿拉伯文的广告牌。旋风掠过瘠薄的沙地，时不时地可见一丛丛、一簇簇灰蒙蒙的沙生植物，再就什么也看不见了。

我们是从埃及首都开罗前往苏伊士运河的。东行的路上景色相当荒凉。在埃及，离开了尼罗河滋润的绿洲，几乎都是寸草不生的大漠荒野。不过，快要接近苏伊士运河时，沿途的荒野不时闪出一座座兵营，土墙圈起的营区，风沙中飘扬的旗帜，在烈日下操练的军人，以及散落在沙漠中涂了迷彩保护色的坦克，似乎在提醒我们这里是军事重地。

不远处，椰枣树和棕榈树的绿色掩映着隐隐约约的苏伊士城，天高地远的灰蒙蒙的背景下飘忽着一线盐湖的青色。开车的司机兼导游是位热情的埃及人，他说前面不远就是苏伊士运河了。

苏伊士运河，这条联结地中海与红海，贯通大西洋与印度洋的东西方重要航道，不是一条普普通通的运河，它在近代史上发挥着非同寻常的作用，也因此格外引起世人的瞩目。

恩格斯在为马克思的《资本论》所做的注释中曾经对苏伊士运河的开凿通航的重大作用做过一段经典性的概括，他说："由于交通工具的惊人发展——远洋轮船、铁路、电报、苏伊士运河——第一次真正地形成了世界市场。"

事实正是如此，当欧洲由于工业革命的兴起纷纷开拓海外殖民市场的时候，寻找一条通向东方的便捷航路，进一步加快东西方的贸易往来，已经成为摆在欧洲殖民主义者面前头等关心的问题。

当时，西方的商船欲到东方必须绕过非洲南端的好望角，不仅旅程遥远，而且浪急风高，航行很不安全。于是，他们的目光移向地处亚洲、非洲与欧洲交接点的埃及，而地中海与红海之间的苏伊士地峡是最理想的开掘运河的地点。

据说早在1672年，荷兰哲学家莱布尼茨就曾上书法国国王路易十四，建议法国占领埃及，以便控制这个通向东方所有国家的门户，打通法国商业通向印度的道路。1798年，拿破仑远征埃及时，曾经有一批科学家亲赴苏伊士考察，对开凿一条穿过苏伊士地峡的运河进行论证，但这项计划随着拿破仑远征埃及的失败而落空。

苏伊士运河的破土动工，始于1859年4月25日。取得运河开凿权的，是一位名叫费迪南·德·勒塞普的法国人，他骗取埃及总督的信任，以埃及无偿提供开挖运河必需的土地和各种建筑材料的先决条件，运河开航后每年交付埃及政府年纯利润的15%作为回报，获得了开凿苏伊士运河的特权。于是，从一开始，苏伊士运河的一切权益便牢牢地攥在西方殖民者手里了。

据有关资料介绍，凿通苏伊士运河共挖土石方7400万立方米，由于气候炎热，劳累过度，埃及有12万工人病死累死。1869年11月17日这条全长164千米的运河正式通航。谁能想象，这条流淌着红海与地中海海水的运河中，渗入了多少埃及劳工的血汗！

苏伊士运河的凿通，得益的当然是西方资本主义各国。东西方的航线因此大大缩短，从欧洲各国驶向东方的船只，或者从非洲之角的阿拉伯国家驶往美洲东海岸，无需绕道非洲南端的好望角。据统计，从日本东京到荷兰的鹿特丹，缩短了25%的航程，从海湾国家到英国伦敦，缩短了46%的航程，最多的缩短了66%的航程。航程的缩短，节省了大量燃料和各种费用，提高了船只的航运周转期，对于世界市场的形成无疑具有重要作用。至于苏伊士运河本身创造的利润，却大部分落入西方殖民者的腰包。直到第二次世界大战结束，英国仍然占领苏伊士运河区，并在那里驻扎了7 万军队，成为英国在海外最大的军事基地。

于是，围绕着苏伊士运河的主权，百余年来这条航线和它们周围的土地，屡屡笼罩着战争的乌云……

我们是从苏伊士城以北的一条隧道——哈姆迪隧道——进入西奈半岛，来到苏伊士运河东岸的。

隧道是从苏伊士运河的河床底下穿过的，长1640米，里面的水泥路面宽阔平坦，可以对开车辆。钢筋混凝土构件组装的穹状隧道灯光柔和，通风良好。在西端的入口处附近，建有一座隧道的控制中心，凭借26个电视屏幕的电子监测系统，不仅能有效地监控隧道的通风、照明、空气污染等数据，而且可以监测车辆通行情况，以便随时排除险情。

哈姆迪隧道是1980年建成通车的，它的建成弥补了苏伊士运河的一大缺欠；由于苏伊士运河的开凿，亚非大陆被运河切断了，西奈半岛也因此与尼罗河流域隔绝开来。现在，我们的汽车只用了不到5分钟，就从非洲大陆经哈姆迪隧道进入亚洲的西奈半岛——这当然对于发展西奈半岛的经济具有特殊意义。这个有6万余平方千米的西奈半岛蕴藏着丰富的石油等矿产资源，在农业和渔业方面也有很大的发展潜力，是一片大有发展前途的处女地。当然，西奈半岛是埃及的国防前哨，据说隧道可以在一小时内通过1000辆坦克，它的战略地位更是非同一般。

穿过哈姆迪隧道，汽车爬上寸草不生的沙石高坡，河面平静、水呈蓝色的苏伊士运河静躺在石块砌筑的河床中，像一条不宽的引水渠，镶嵌在黄沙覆盖的大地上。

我承认，当我第一眼看见这举世闻名的沟通东西方的水道时，感觉并不像想象中那样雄伟壮观。她没有源远流长的尼罗河那样宏大的气势，也不具备黄河、长江奔腾万里的博大胸怀。她太平凡了，河道仅有300多米宽，两岸看不见绿色的森林，也没有诗情画意的田园风光，作为一条人工河道，她的唯一功能只是用自己的身躯肩负起运输过往舰船，仅此而已。

但是，当我了解了苏伊士运河不平凡的身世和她那饱经忧患的过去，我的心中油然生起对她的崇敬之情。

1956年7月26日，纳赛尔总统在亚历山大宣布把苏伊士运河收归国有，受到埃及举国上下的一致赞同。但是，不愿放弃苏伊士运河区的英国政府，伙同法国和以色列悍然发动对埃及的侵略战争，企图以武力迫使埃及屈服。

战争在塞得港打响，这条运河入口处的海港成为举世瞩目的焦点。英国和法国的空降兵和海上登陆部队近3万人，以海陆空的联合作战向塞得港发起猛攻，而以色列则乘机占领西奈半岛，企图形成铁壁合围的强大攻势。侵略者气焰嚣张，英法海军向塞得港炮轰，飞机向塞得港的平民区狂轰滥炸，伞兵迅速向塞得港纵深地区推进……然而他们始料未及，已经独立的埃及人民是无法用武力征服的。塞得港的每一条街道，每一座楼房，都是抵抗侵略者的战壕和要塞。埃及军民包括老人、妇女和儿童都奋起抵抗，英勇地抗击了来犯的侵略者。而且，时代毕竟不同了，埃及人民保卫塞得港和苏伊士运河的正义斗争，赢得了全世界各国的广泛支持，谴责英法侵略者的呼声响彻全球。当时中国的报纸、电台天天报道苏伊士运河的战况，声讨英法侵略者、支援埃及人民的集会游行到处都在举行——我对苏伊士运河就是那时留下深刻印象的。

1956年12月22日，英法侵略者最后一批残兵败将灰溜溜地撤离塞得港，不久以色列也从西奈半岛撤兵，苏伊士运河从此飘扬着埃及国旗，回到埃及人民手里。

随着苏伊士运河国有化，埃及政府开始大规模地着手运河的改建工程。先是清理航道，1956年战争期间的大批沉船需要打捞，航道上的水雷需要扫清，运河设施受损严重也需要更新。当运河开始通航后，改建工程也夜以继日地加紧进行。

在1956年实行苏伊士运河国有化时，运河全长为173千米，航道水深12米，河面宽160米，航道宽110米，只能通过3万吨的满载货轮。经过扩建后，到1964年2月，运河水深加大到13米，6万吨满载货轮也可畅通无阻了。据统计，1955年，有14666艘船只通过苏伊士运河，平均每天40.2艘。到了1966年，由于运河水深加大，当年通过运河的船只增加到21250艘，平均每天58.2艘。不料，1967年，当埃及决定开始实施进一步扩建运河工程时，苏伊士运河又不得不重新关闭，一直关闭了8年。

这天中午，我们在苏伊士城打尖，品尝了别有风味的非洲烤鱼。这座苏伊士运河南端扼守苏伊士湾的港口城市宁静而闲适。纵贯全城的通衢大道立着一尊巨大铁锚的雕塑，再清楚不过地点明了城市的特征。在人行道两旁椰枣的树荫下，身穿阿拉伯长袍的穆斯林和头裹黑色披巾的妇女悠闲漫步，街头不时出现扬起灰尘的公共汽车与不慌不忙的马车并行的场景。商店很多，出售阿拉伯风格的工艺品和皮货的店铺多为旅游者青睐。在街头的咖啡馆里，抽着长长的阿拉伯水烟的男人们向我们热情地问候……这里的生活节奏是缓慢的，洋溢着和平安宁的氛围。但是谁能想到，若干年以前这里硝烟弥漫，到处燃着战争的火焰呢？

在西奈半岛的大漠深处，我们寻访了不久前的战争遗迹，那是用钢筋水泥筑起的明碉暗堡和一道道掩体，密如蛛网的铁蒺藜构成难以逾越的屏障，装甲车和坦克扼守着交通要冲。虽然听不见枪声和炮声，但是遮天蔽日的风沙之中，仍然可见战壕炮位隐藏着荷枪实弹的以色列士兵的模型。

这里，就是1967年中东战争时以色列布防的“巴列夫防线”。这场战争使埃及丢失了西奈半岛，以色列在苏伊士运河东岸建造了长达170千米的巴列夫防线，这个巴列夫就是当时以军参谋长的名字。以色列企图以坚固的工事据点构筑一条“马其诺防线”，永远占领西奈半岛。

从那时起，苏伊士运河关闭了，埃以双方以运河为界陈兵对峙，战争的乌云笼罩在运河上空。一直到1973年10月，萨达特总统发起反击以色列的“十月战争”，精心准备的埃及军队出动200架飞机、2000门大炮向运河东岸的以军阵地猛攻。接着，8000名埃及士兵乘坐1000艘橡皮艇，强渡苏伊士运河，以锐不可当之势突破巴列夫防线，取得了收复西奈半岛的决定性胜利。但是，在这同时，以军将领沙龙（当时任南部军区司令，后为以色列国防部长）率领装甲师突破苏伊士运河渡口，偷渡大苦湖，进入运河西岸，并包围了苏伊士城，使战局发生了戏剧性变化。

于是苏伊士城陷于以色列军队的重重包围之中。尽管以色列的炮火使苏伊士城85%的房屋被毁，到处是断壁残垣，城内居民死伤惨重，缺水断粮，但是苏伊士城的埃及军民顽强抵抗，坚守了整整100天，也未让以色列军队踏入苏伊士城……

十月战争后，苏伊士运河又回到埃及人民手里，西奈半岛的失地逐步收复。从1974年始，苏伊士运河又开始大规模的清理工程。光是水雷就清扫了70万枚，还有4万个爆炸物、90艘沉没的舰只、10艘沉船……耗资1.2亿美元。1975年6月5日，苏伊士运河在关闭8年后重新开放。

现在，苏伊士运河水深提高到近20米，河面宽300~350米，运河长度延伸为195千米。水深了，航道宽了，横断水域面积大大增加，通过的船只吨位由过去的6万吨增加到15万吨（满载货船），1982年已有45万吨超级油船通过运河。苏伊士运河不仅面貌一新，而且管理系统全部实现电子计算机网络，管理的技术人员全部是埃及自己培养的。每年，苏伊士运河给埃及带来20亿美元的外汇收入。

当天下午，我们离开苏伊士城向大漠西行。远方的地平线上，如同海市蜃楼，一艘艘巨轮静静地浮现在一动不动的水波上。公路一侧耸立着一座座高大的水塔，一眼望不到尽头的围墙贴着运河延伸，那一带就是苏伊士运河区，它在我的视线中渐渐远去，远去……

苏伊士运河

苏伊士城区：位于苏伊士运河南端的苏伊士城，是埃及的重要港口城市，是从红海入苏伊士运河进入地中海的必经之地。图为市区耸立的铁锚雕塑，象征着该城的海港地位

死城庞贝

天蒙蒙亮时，我们从佩斯卡拉出发，汽车在平坦的高速公路上飞速奔驰着。快到中午，火辣辣的太阳底下，那久闻大名的维苏威火山，突然在一座城市的背后现出了身姿，那份威严而震慑心魄的气势是难以形容的。它并不像我在照片上见过的那样喷发岩浆，也不像头戴雪冠的阿尔卑斯山那样雄伟，它耸立在海水似的蓝天里，静静地俯瞰着脚下的一片城区，神态是那样安详而温驯，仿佛扮演着城市保护神的角色。然而，每个不会忘记历史的人都该知道，是它，这貌似恭谦实则性情暴戾的维苏威火山，曾经不止一次大显淫威，残忍地毁灭了它脚下的生灵，把一度繁荣无比的城市变成一片废墟。

我们要去造访的死城——庞贝，就躺在火山脚下不到两千米的地方。说它是死城毫不夸张，这是一个没有居民、没有笑声的城市，店铺的柜台里没有琳琅满目的商品，昔日熙熙攘攘的广场荒草萋萋，曾经是欢声雷动的露天竞技场再也没有了观众，当初车水马龙的石条砌筑的大道上更听不见马车辚辚……它是一个在突发的灾变中猝死的城市，历史古远却从此停止了心脏的跳动，变成了一具徒具城市躯壳的木乃伊。

在一片地中海松林的浓荫里，庞贝考古中心的专家们在现代化的视听室用幻灯片向我们展示了庞贝灾难性的过去：这座靠近那不勒斯海湾的小城，始建于公元前7世纪，商业繁荣，海上贸易也很发达，居民约有2.3万人。公元62年发生了一场大地震，庞贝遭到破坏。17

年后，即公元79年8月24日下午1时左右，维苏威火山突然爆发，庞贝的末日到来了，幻灯片展现了这样的情景：当时从维苏威火山喷出的烟尘遮天蔽日，亿万吨火山灰从天而降，空气中弥漫着令人窒息的毒气。顿时全城一片恐慌，人们盲目地四处奔跑，然而，无论是来不及逃出房屋的，还是已经逃到户外的，无人得以幸免，统统被埋葬在灼热的火山灰中了。与此同时，离火山更近的两座小城——斯塔比亚和赫库兰尼姆的命运更为悲惨。熔岩和火山灰，以及山洪暴发形成的泥石流顿时将它们吞没。从此庞贝在地面上消失了。

庞贝是被火山灰掩埋起来的，这种火山灰呈灰白色，质地疏松，因而城市的建筑物以及各种居民的生活遗迹都被较好地保存了下来。清理出火山灰后，人们发现，庞贝是建在一个椭圆形的台地上的，面积约63公顷（1公顷＝10000平方米），四周有长3千米的城墙，共有8个拱形的城门，我们便从其中的“海门”步入这座死城。

一走进“海门”的城门洞，我们便从20世纪80年代（作者到访时的时间）一步跨入公元79年的古罗马时代了，这是一个非常明显的感觉。庞贝有两条纵横相交的大街，宽约4米，旁边有人行道，用巨石垒边，街道均由巨石镶嵌，呈不规则的几何图案。据说当时还未有下水道，下雨时街道成了泄水通道，所以隔不多远的路口置有巨石，作为行人过街的垫脚石。巨石两边又留有空隙，那是为了不妨碍车辆通过。人们由此可判断当时车轮之间的宽度。

从“海门”延伸过去的街道曾是一条繁华的商业街，这从一家挨一家的店铺，还有街石上留下的深深的辙印可以看出。往前走，视野突然开阔，在一堵断墙后面，是一座宙斯神庙的遗址。地面留有十几个带棱角的圆形柱基，背后衬着高大立柱联结的残壁，可以看出是上下两层。再往前，是一个开阔的广场。一排排雕刻精美的大理石柱散落其间，或巍然独耸，或连为一体，在阳光下显得异常壮美。这便是集中了阿波罗神殿、市政厅以及幸运之神神殿的中心广场，它是庞贝最热闹的政治中心和贸易集市。据说，广场一侧的演讲台是官员向市民发表演说的地方；广场的回廊当年摆满了商贩的摊位，这里一大早便商贾云集，不仅买卖小麦、大米等商品，奴隶买卖也很兴旺。此外，幸运之神神殿还是法庭审判犯人的所在，自然也是吸引市民的热闹场所。只不过这一切都是想象中的情景，此刻眼前除了空旷的广场，残破的石柱，只有不多的各国游客罢了。

庞贝城区不大，却也具备了现代城市的雏形，为市民服务的公共设施应有尽有，其中有些设施之先进，令我们这些现代人为之咋舌。例如，城东南的露天竞技场，与罗马著名的高乐赛奥斗兽场同建于公元前2世纪，可容纳5000名观众，上有顶篷，外连方形大院，供观众入场前休息之用。城内还有一座可容纳2万名观众的露天剧场，设计合理，几万名观众入场、退场都挺方便，这不仅体现了古罗马当时高超的建筑水平，也反映出崇尚体育、戏剧的社会风尚。庞贝城区虽不大，但纵横交错的大街小巷却很多，很容易教人转忘了方向。幸亏我们有一位考古学家当向导，七拐八拐把我们带到另一条大街。这条街所处的地区是庞贝的富人区，许多贵族的宅邸都集中在这一带。街道两旁的深宅大院很气派。我们参观了其中几座宅邸，进门通道的地面多有用马赛克镶嵌的恶狗守门的图案。入内是天井，两侧壁上饰有大理石的神龛。这些宅邸外观并不豪华，倒有点不露富的做派，然而内部的装修陈设却极尽奢华之能事。精雕的门楼遍饰彩画，粗大的大理石圆柱雕刻精美。天井内有巴洛克式的喷泉，回廊包围的花园种植着奇花异草。至于室内的陈设、雕塑、石桌、壁画、家具等，更是富及帝王之家。最让人感兴趣的是，在一间商店的外墙上，考古人士指着壁上的文字说，那是当年留下的竞选口号和支持竞选者的留言。此外，那上面还有一个医院的广告，宣布某某人最近被医院治好了病的消息。这1000多年前的新闻公告栏透露出的古罗马时代的信息，真是耐人寻味。

庞贝是一座地地道道的死城，这是真的。然而它绝不仅仅是一座古物陈列馆。考古人员通过经年不断的发掘整理，每年都能发现埋在地下的宝藏。我们有幸参观了一处发掘场，那是一座深埋的贵族宅邸。厅堂里色彩鲜艳的壁画正在清理，建筑的其余部分也已露出地面。给我们当向导的考古学家说，庞贝的发掘工作非常谨慎细致，所有的房屋按户造册，这就等于将庞贝全城的居民载入档案，逐户了解他们的社会地位和经济状况。现已发现庞贝的居民包括很多民族，如犹太人、腓尼基人等；还发现这里拥有各种行业的作坊，至于大量的劳动工具、武器、钱币、衣服、首饰、儿童玩具、家什以及账簿、文书等，更是当时社会生活和风俗民情最珍贵、最翔实可靠的资料。从这一点说，维苏威火山的爆发倒是给人类留下了一座历史的宝库。

将近两千年前发生的这一场悲剧，除了庞贝的遗迹和大量发掘的古物给后人以丰富的想象和推理之外，古罗马的文献也有非常详细的记载，这对于研究火山灾害是弥足珍贵的资料。其中，最有名的罗马帝国前期的作家小普林尼的几封信，真实地记录了维苏威火山爆发前前后后的情景。小普林尼的信是写给塔西佗的，后者是古罗马著名的历史学家，著有《历史》《日耳曼尼亚志》《年代记》等著作。从信中所述可知，小普林尼的舅父老普林尼是当时著名的作家与学者，有着很高的社会地位。当公元79年维苏威火山爆发时，老普林尼因执意考察这一自然现象而不幸遇难。为此，塔西佗事后致信小普林尼，请他提供老普林尼殉难的经过，小普林尼的信便是为此而写的。

小普林尼的这几封信，不仅为人类研究维苏威火山活动留下了一份珍贵的记录，而且使我有可能在今天跨越时空的限制，返回到公元79年那个令人恐怖的日子。

“我舅父当时在弥塞努姆，受命指挥舰队。8月24日7点左右，我母亲告诉他，说天空出现了一块面积和形状都不同寻常的云彩。当时舅父已经行过日光浴，冲过凉水澡，用过午餐，正躺在卧榻上读书。他随即要了鞋，登上一个最便于观看那一奇景的高处。那块云是从哪座山升起来的，远处观看的人分辨不清楚——它是从维苏威山升起的，那是后来才知道的——论形状，与榲树的树冠最相像。它像是被一株无比高大的树干举向天空，无数的枝条向四方伸展，我想那是因为它被新聚集的气流托起，在空气力乏之后无此依赖，或者甚至是因为自身的重量所制服，因而向四面消散。有时呈白色，有时乌黑浑浊，好像是把泥土和尘埃一起裹挟而上。”

小普林尼当时已18岁，受过良好的教育，他在致塔西佗的信里特别强调，“我所叙述的都是我亲眼所见或是事后人们记忆犹新时听人述说的”，所以，他所提供的材料应该是十分可靠的。

他在信中讲到，他的舅父老普林尼在准备出发时，接到朋友的妻子雷克提娜的来信，她请求他给予救援以脱离险境，于是老普林尼原定就近观察火山爆发的想法变了，“他命令有四层桨的舰队起锚，他亲自登上舰艇，此行不仅是为了去帮助雷克提娜，而且是为了救援更多的人，因为那是一处气候宜人、居民稠密的海滨”。

信中提到一个很重要的事实，即老普林尼一边指挥舰队驶向险境，一边“口授和记录着他亲眼看到的这一可怕灾难的各种变化和景色”。当时舰队处境越来越危险，“舰上已经开始掉落灰烬，越向前航行，掉下的灰烬越热、越稠密。浮石也开始掉下来了，还夹杂着乌黑、灼热、被烧得发酥的岩石”。在舰队靠岸时，“崩塌的山烧得使人无法接近海岸，舵手建议返航”，但老普林尼十分勇敢，坚持驶往他的部下驻扎的斯塔比亚——位于维苏威火山东南方。

“与此同时，维苏威山到处火光熊熊，光照天际，在漆黑的夜空显得格外明亮。”小普林尼在信中特别提到，在火山爆发的同时，还发生了持续不断的强烈地震，他的舅父老普林尼起初在卧室里睡觉，“然而，通卧室的院子里降落的灰烬和浮石已经越积越多，如果再继续逗留在卧室里，就有可能被堵在里面出不来了……连续不断的强烈地震使房屋不停地摇晃，好像已经离开地面，在忽左忽右来回移动；在户外，浮石虽然质地疏松多孔，但大量地往下降落也使人胆战心惊”。经过一番权衡，老普林尼和他手下的人决定离开随时可能坍塌的房屋，“大家把枕头顶在头上，用毛巾捆住，以防被石雨砸伤”。

这时的情景是相当恐怖的，小普林尼的信中写道：“在其他地方，白天已经来临，而在那里，仍是一片昏黑，而且比最昏黑的黑夜还要昏黑，尽管有无数的火炬和各种火堆在燃烧。”众人决定离开险境，逃往安全地带。他们到了海边，“然而海上依旧是波涛翻滚。在海边，舅父躺在一块船帆上，不断地要人递给他凉水喝。火光和预示大火将临的硫黄气味终于迫使大家离开，舅父也不得不从船帆上起来。他扶着两个奴隶站了起来，但随即又倒了下去，我想那是浓密的火山气体阻碍了他的呼吸，堵住了他的气管。”小普林尼最后这样写道。

在另一封致塔西佗的信里，小普林尼详细地讲述了他和他的母亲留在弥塞努姆感受的恐惧和经历的灾难。弥塞努姆在维苏威火山西边，开始人们是被强烈的地震从睡梦中惊醒的。“许多天来一直地震，但不太强烈，也不甚可怕，因为在坎佩尼亚地震是常有的事。”小普林尼写道，“然而那天夜里地震却是如此强烈，使人觉得不仅一切都在晃动，甚至都要翻个个儿了。”小普林尼和他的母亲逃出房屋，坐在宅外的空地上。天亮后，光线暗淡，地震持续不断，房屋随时可能倒塌，于是他们母子随着惊慌的人群逃出城外。值得注意的是，小普林尼“遇见了许多奇怪的事情”，这些奇怪的自然现象可供地质学家研究地壳运动的变化。

他所遇到的奇怪现象，一是地壳受内应力的影响急剧颤动：“我们曾经吩咐大车与我们随行，它们尽管停在非常平坦的地方，但却向不同的方向滚动，即使塞住轮子，也不能使它们在原地停住不动。”

“我们同时还看到，大海在向后退缩，好像是被大地的震动推了回去；海岸则明显地向前延伸，许多海生动物搁浅在沙滩上。”在维苏威火山爆发的同时，还伴随着地震和海陆变迁，这无疑是一种值得注意的地质现象。

维苏威火山爆发的场面十分可怕，“在海岸的那一面，浓云密布，乌黑可怕，蜿蜒的火舌不停地晃动着，火的热浪冲击着云层，把云层撕裂，状如火焰本身，缝隙处亮如闪电，又远非闪电可比”。“没过一会儿，云翳降到地上，盖住了海面，卡普雷埃岛被包起来了，弥塞努姆很快从视野里消失了。”小普林尼和母亲不得不拼命地跑，他回忆道：“天上降下灰烬，不过还不算稠密，我回头望去，身后雾气滚滚，席卷而来，追袭着我们。”

由于火山爆发喷出的灰烬弥漫天空，“黑暗便立即降临了，黑得远不像往常没有月亮时或阴天时的黑夜那样，而是有如熄了灯的紧闭的房间一般。只听见妇女在号哭，孩童在尖叫，男人在呼号，人们凭声音，有的在寻找、识别自己的父母，有的在寻找、识别自己的孩子，有的在寻找、识别自己的妻子。一些人在悲叹自己的厄运，另一些人在悲叹亲人的不幸，还有一些人，他们因害怕死亡而祈求死亡。许多人举起双手求神保佑，而更多的人则认为，哪儿也没有神明了，世界最后的、永久的黑暗降临了”。

没有身临其境的感受，写不出如此逼真的震撼人心的文字。小普林尼致塔西佗的信，收入他的十卷书信集，中译本由王焕生据《勒布古典丛书》中《小普林尼书信集》拉丁文本译出，收入罗念生编辑的《希腊罗马散文选》。诚如译者所言，“在现存的有关维苏威火山爆发情况的史料中，它们是唯一的直接文字材料”。正因如此，它们在科学上的价值是极其重大的。

远眺庞贝

庞贝遗址

城中的大道（远处可见维苏威火山）

贵族宅邸的神龛

装饰马赛克地面的贵族宅邸

残垣断壁

古罗马时代的青楼

我从复活节岛归来

5个小时的飞行快要结束，机舱头顶的指示灯闪起“系好安全带”的信号，我贴着舷窗朝下望去，飞机正在倾斜，像一只张开翅膀的大鸟小心翼翼地寻找着陆点。吐着白沫的浪花清晰可见，奔涌的波涛如同熔化的碧玉不断变幻奇异的图案，但我的目光此刻关注的只是那块神奇的土地，我似乎是在捕捉难忘的第一印象，这个在梦魂里萦绕了多少年的孤岛，究竟是像荒漠一样令人害怕，还是美丽清新的人间仙境，我简直无法想象，但我从书本中得到的印象，它是荒凉、孤独而寂寞的，谁知道实际情况会是怎样的呢?

蓦然，机翼的顶端像是贴着浪花掠过，轻盈地避开赭红的礁石，接着，闪现出一片悦目的碧绿，生机勃勃的生命之绿，机舱里不约而同响起一阵欢愉的惊呼。绿色的草地，绿色的跑道，绿色的小岛朝着我们飞来，越来越快、越来越近……

随着一声剧烈的撞击，起落架底下的轮子亲吻着大地，我和同机抵达的许多不同肤色的旅客怀着欢欣无比的心情走出机舱。

啊，这就是梦里寻它千百度的复活节岛，我终于万里迢迢来到她的身边。

（一）

五年前南半球的盛夏，我徜徉在智利首都圣地亚哥车水马龙的沃伊金斯将军大街。

沃伊金斯将军大街是圣地亚哥的主动脉，绿草如茵的街心花园，精心编织的花坛，将这条十里长街装扮得十分美丽。更为绝妙的是，隔不多远便是一尊造型优美的铜像。智利盛产铜矿，人们用金光闪闪的铜为那些彪炳史册的民族英雄塑造了雄伟的丰碑。在宪法广场中心，耸立着智利国父贝尔南多·沃伊金斯的铜像，这条首都最热闹繁华的大街，就是以他的名字命名的。铜像为沃伊金斯纵马杀敌的雄姿，他右手高举宝剑，目光凝望左方，而在马蹄扬起的骏马前面，有个垂死挣扎的敌人。如今，这位智利奠基人的大理石棺椁便安放在塑像下面，陵墓前方点着长明灯，昼夜不熄，几名全副武装的士兵，日夜在此守卫。

我从沃伊金斯陵墓的大理石台阶走向大街，无意间在绿地当中发现一座并不显眼的雕像，它并非青铜所铸，却是一块黑里透红的顽石。石雕安放在乱石砌筑的台基上，高不过3米，整个雕像只有上半截身躯和顶着的一个很大的脑袋，脑袋上还“戴”着一个小山包似的石帽。石像造型奇妙极了，高挺的大鼻子，深陷的眼窝，耳朵方方正正，微撅的嘴唇紧闭，似乎露出难以察觉的嘲笑。我承认，我的目光突然和石像的“目光”相遇时，我的灵魂深深为之震撼，两只脚挪不开步子，像是被这块有着魔力的石头牢牢地吸引住了。

智利政府曾经从石像的故乡——复活节岛运来了几座著名的雕像，其中最小的也是保存最好的，就是眼前这尊凝望着沃伊金斯大街的雕像。我不知道这尊石像屹立街头的心态，从太平洋的孤岛来到熙熙攘攘的街头，习惯吗？从海风劲吹的荒岛挤进这纷扰不息的人间，能适应吗？而且，离开淳朴善良的岛民步入物欲横流的世界，心情能够平静吗？我久久地和石像地对视着，企望从他那紧闭的嘴唇听到只言片语，得到的回答却是长久的沉默。他同样目不转睛地看着我这个异乡人，在他眼里，也许我也是个不可思议的怪物吧，故而他的微笑是嘲讽的，目光也包含着明显的轻蔑、不屑和神秘莫测的悲哀。

我想到石像的故乡。我很早就听说，在南太平洋的万顷碧波中，有一个与世界几乎隔绝的孤岛——复活节岛。它不仅远离其他大陆，就连他的祖国——智利，这个世界最狭长的国家的本土和复活节岛还有3700多千米的距离，是太平洋的波浪将它和智利乃至世界连在一起的。当然，南太平洋星罗棋布的岛屿，恐怕找不到一个像复活节岛那样神秘，那样充满不可思议的古文明遗迹，而其中最具有诱惑力的要数岛上众多的石像。那屹立在曙光和夜幕中的一尊尊高大的石像，几百年来以他们的沉默激发人们无限的遐想：是谁建造了他们；建造这些石像的艺术大师来自何方，目的何在；为什么只有小小的复活节岛屿会出现这奇异的文化，而在南太平洋的其他岛屿，却看不到他们的踪影。这些问题吸引了许多考古学家、探险家、人类学家，但有多少人去研究就有多少种解释，人们不仅没有拂去笼罩复活节岛的迷雾，更浓密的历史迷雾反而将复活节岛的过去隐蔽得更加高深莫测。

望着这个似曾相识的复活节岛的孤儿，我的魂早已被他勾去，痴痴地想一步跨过苍茫的大洋，去到那石像林立的仙岛，然而囊中羞涩，时间也不允许我在智利久留，只能默默地站在烈日下的沃伊金斯大街，和复活节岛的孤魂野鬼默默对视，他笑我，我也笑他，心中涌起无尽的悲凉——那时的我，也是远离家乡的海外孤儿。

（二）

1962年岁末，勇敢的法国人弗朗西斯·马齐埃尔——一位探险考古学家，和几位志同道合的同伴，驾着一艘原始的双桅帆船，闯入风涛险恶的太平洋。苦是吃尽了，到了转年的2月2日，他们看见了海平线上兀现的复活节岛——他们此行的目的地。

“在宁静的白天，我们绕孤岛的海岸航行，岛上披着金色的阳光，海岸近在咫尺，但我们无法靠岸。”这位法国探险考古学家在《神秘岛纪行》这本书里描写复活节岛给他的第一眼深刻的印象。“荒凉的岛上没有房屋，没有人影，只有一群群野马和羊在寻觅食物。这个孤岛四周都被恶浪包围，巨大的水浪在悬崖上撞得粉碎，发出惊天动地的声响，淹没了来自岸上岩洞中当地居民的呼喊声，那数百个岩洞仿佛是一尊尊巨崖的眼睛，日夜眺望着大海，守卫着孤岛。”

复活节岛给马齐埃尔的印象实在不佳。也难怪，一连几个月的风浪颠簸，法国人的情绪坏透了。何况20世纪60年代的复活节岛还处在封闭状态，对以考古、探险为名的外国人更是存有戒心。从复活节岛经受的苦难来看，西方人受到复活节岛人的憎恨和冷眼一点儿也不奇怪。

不过，差不多过了30年，当智利航空公司的一架波音737客机把我轻轻放在马塔维里（Mataveri）国际机场的平展的跑道时，我对这个神秘的岛的印象却和马齐埃尔完全两样。头一眼感觉，马塔维里国际机场跟这个荒僻孤岛好像相差几个世纪，它使我想起茹毛饮血的因纽特人的冰屋里放了一台播放摇滚乐的音响，或者是头戴羽毛、遍体文身的印第安人坐在电脑前操作，令人惊奇又觉得颇为滑稽。

马塔维里国际机场不是沙石跑道的简易机场，不像我在南极乔治王岛和火地岛的乌斯怀亚降落的机场，那时真担心俯冲的飞机会被跑道上的石头绊个跟头。马塔维里机场不是这样，45米宽的水泥跑道，一眼望不到头，从海边延伸到绿色的丛林，足有3400多米，气魄不小。虽然没有雄伟的候机厅和辐射状的登机桥，但宽阔平坦的机坪和修剪整齐的草地，沐浴在明丽的阳光下，使人仿佛步入现代化的航空港。差不多所有的旅客都和我一样，以不可思议的神情注视着扑面而来的新奇，一边拖着、拎着行李袋，一边正腾出手急不可待地按动快门，镜头对准澄澈如水的蓝天、迎风摇曳的棕榈和鲜艳娇媚的热带花卉，似乎生怕眼前的一切只不过是梦里的幻境，转瞬即逝。机场出口一尊尊古朴原始的石雕，散发着复活节岛独有的神秘诱人的情调，色彩浓烈如酒，风格雄浑而耐看，自然更令人费去了不少胶片。

据说，马塔维里国际机场最初的规模也很小，20世纪50年代也只能起降灭火的小型飞机。60年代旅游业兴起，智利政府拨款扩建，一般的客机和运输机也能起降。不过，机场有今天的规模，装备了盲降系统、测距机等先进导航设备，波音747巨型客机也能全天候起飞降落，是因为美国人看中了这座与世隔绝的孤岛。20世纪80年代，商得智利政府同意，美国投资1800万美元，将它扩建为航天飞机的备用机场。贫穷荒凉的复活节岛，唯有“一步登天”的机场，超时代地跨入现代文明之门，但他的身躯依然徘徊在远离文明的旧时代的黑影里。

我不知道马塔维里国际机场是否接待过航天飞机的光临，不管怎样，它毕竟打开了神秘岛封闭了几个世纪的黑暗之门，使文明世界的阳光穿堂而入，从大洋彼岸吹拂而来的新世纪的风，随之也流向岛上沉寂的山林、尘封发霉的岩洞和那期待已久的古老石像。变化是缓慢的，但复活节岛终究发生了令人欣慰的变化。

机场的候机厅并无特色，一层的朴素水泥建筑，蜂拥而入等候行李的旅客很快挤满了不算宽敞的大厅。接亲友的人捧着美丽的花环，按照波利尼西亚人特有的风俗将花环套上亲人的脖子。嘈杂喧嚷的候机厅外，落地玻璃窗上贴满一张张笑吟吟的面孔，不论男人女人都是乌黑的头发，黄皮肤，酷似东方人的脸型。玻璃上的面孔不仅挤眉弄眼，还忙不迭地打着手势，只是听不清他们在说什么。一打听，都是各家旅馆在招揽生意。贫穷的孤岛，唯有刚刚兴起的旅游业给岛民增添了谋生手段。说来也可怜，航空公司一周才有3次航班往返，这正是旅游旺季。到了风雨侵袭、气候恶劣的淡季，只剩下2次航班。客源不足，一些旅行社组织的旅游团早已在岛上的高级旅馆预订好客房，于是我们这些零星的旅客自然成了许多家庭旅馆追逐的“猎物”了。

办好入境手续，取出托运的行李，一出海关，我们就被“猎人”热情地包围了。

“我们是家庭旅馆，位于海边，风景很漂亮”，一个身穿花裙的妇女讲着英语，“房租不贵，每间客房每天80美元，有卫生间……”

我摇摇头，“太贵，能不能便宜些？”我试探道。

“猎人”笑了笑，遗憾地摇摇头，径自去寻别的“猎物”了。

但别的“猎人”继续围了上来。其实，要了解一个民族并不困难，短短的接触和言谈话语，足以打破人与人之间的隔膜。我从这些还羞于讨价还价的男人和女人身上，感受到复活节岛先民的淳朴和善良，他们贫穷却并不低贱，他们需要金钱但并不贪婪。文明社会欺诈、蒙骗的病毒似乎还未随开放之风而侵入他们原始的躯体。即使拉生意，他们也像在社交场合，落落大方而不见利忘义，能成交自然满意，谈不拢也报以微笑，至多耸耸肩膀表示遗憾而已。

很快，我们和一位长头发的女子拍板成交，她的家族开了一处家庭旅馆，据她讲，旅馆傍海，环境幽静，房间整洁，而且管饭，当然最重要的条件是符合我们所能支付的能力，每天的租金（包括食宿在内）仅25美元。

我们很满意，尽管对她的介绍信疑参半。这时，一个30来岁身穿短衫的男子开来一辆锈迹斑斑的面包车，手脚麻利地将我们的行李抛上车，又将我们装上座位。机场旅客渐稀，招揽生意的人也四散而去，面包车沿着红色火山灰碾碎的公路，向着涛声如雷的海边驰去。

（三）

我们暂住的旅馆名叫Apino Nui旅馆。从机场向北汽车跑上不到一刻钟，公路拐上缓缓的高坡，迎面的高地耸立着两株高大的棕榈，野草杂花点缀的高坡上，屹立着一幢白墙平顶的房子，房前还有一道水泥柱子的花架，但尚未完工，这就是Apino Nui旅馆了。

虽说是家庭旅馆，Apino Nui的雅致、整洁出乎我的意料，虽说没有正规旅馆的豪华气派，可它却有家庭的自由、方便和舒适，尤其是富有人情味的家庭的温馨，这恰是任何五星级旅馆欠缺的。

进门是一间拥有40平方米的客厅兼餐厅，沙发在当中围成一圈，贴墙放着电视机和录音机，茶几下面随意放着几本破旧的老杂志和封皮剥落的复活节岛的考察记。有些书刊是旅客留下的，似乎也是留下人生的足迹。余下的空间放着几张方桌，客厅里面连着厨房。旅客在这里就像在家里一样随便，沏一杯咖啡，或者来一杯英国红茶，一边翻翻旧杂志，一边海阔天空地闲聊，没有人干预，也没有人管你。旅馆主人除了一日三餐露露面，给你上菜端汤，其余的时间根本不见踪影——他们给旅客以充分的自由，让旅客静静地享受复活节岛静谧的氛围，这里面也包含着人与人之间最充分的信赖，丝毫没有现代化旅馆那种表面热情骨子里戒备提防的心态。

从客厅左侧进去，甬道两壁缀着古朴的复活节岛的玩意儿：木雕的鸟人，木雕的“莫阿伊”和一些超现实题材的图案。两边是带有卫生间的客房，没有现代化的家具，却有旅行者最关心的清洁，而且还可以洗热水澡——在荒凉的孤岛，这真是奢侈的享受了。

这天，旅馆的全部客人加起来才6个人，除了我们3个中国人，还有一对德国来度假的老夫妻，老头儿是个沉默寡言、神态傲慢的画家，他的老伴相反，倒是个喜欢攀谈、招人喜欢的老太太，据她自我介绍，她是个作家，写儿童文学的。另一个房客是个活跃健谈的加拿大人，放下行李就独自跳进温暖的海水，直到天黑才披着一身阳光回来。他说他是个插图画家，一家出版社请他为一本有关复活节岛的著作插图，为此特地提供经费让他到这里旅行两周，用我们的话说是“体验生活”吧，我真羡慕他的好运。

复活节岛的形状宛如一个矮矮的等腰三角形，有人形容它像拿破仑的军帽。在三角形的左边，集中了岛上的精华，除了马塔维里国际机场，还有一个堪称现代化的村镇——汉格罗阿港，我们暂住的Apino Nui旅馆离汉格罗阿还有1千米，算是它的郊外吧。

天色尚早，放下行李，我便迫不及待地奔向海边，远方那声震如雷的涛声早已撩拨得我坐不住了。

大道绕弯，我索性从杂草丛生的高地斜插过去。坡地土质软软的，下到平地，竟是缀满野花和仙人掌的庭院，用火山岩块叠成的矮墙断断续续地勾画庭院的地界。绿荫丛中隐藏着一幢铁皮覆顶的平房，紧闭的窗帘掀开一角露出一个女人的大眼睛和微笑的倩影，继而是恶狗的咆哮和铁链的哗啦声。我很抱歉地朝窗户笑笑，脚下的步伐不由地加快……

过去就是紧贴海边的公路，大道无人，烈日耀眼。这时正是下午4点多钟，碧蓝的天空深远透明，竟无半缕云彩。海水呈深蓝色，像融化的蓝玉一般纯净可人。风很大，但湿润而柔和。一望无涯的大洋片帆皆无，唯有前簇后拥的波浪像一条条银链朝岸边滑行而来，待到将近时，浪头昂起，如百米冲刺的赛手猛然加速，喧嚣着、呐喊着，扬起白花花的身躯，似乎生死不顾地朝着礁石岩岸一头撞去，顿时肝脑迸裂、血花纷飞，轰然的巨响伴随着一阵冲天的雨雾溅落下来，顷刻，这浪涛的葬礼归于沉寂，浪消石现，远方的银链依然平静地重复着刚才的一切。

我现在方才领悟法国考古探险家弗朗西斯·马齐埃尔对复活节岛的第一印象并非没有道理。南太平洋星罗棋布的岛屿中，恐怕很少有像复活节岛这样拒客于千里之外的小岛了。它不像那些青葱悦目的珊瑚岛有着洁白如银的沙滩、椰林环抱的礁湖，以妩媚和安宁抚慰远航水手一颗疲惫的心。它也不像那些山泉汩汩、硕果压枝的岛屿，以富饶和秀丽吸引着远洋归来的漂泊者。复活节岛不是这样，它是壁垒森严、令人可怖的一座藏在大洋深处的古堡，三角形的三个伸向大洋的触角，屹立着陡峭高耸的火山，如同警戒过往船只的碉堡，那里礁石林立，悬崖逼岸，形势十分险恶，船只唯恐避之不及，又怎敢在那里登陆呢！

别的地方也好不了多少。沿着环岛的大道——这条土路贴着海岸延伸，只见灰黑色的玄武岩构筑的海岸犬牙交错，礁石纵横，几乎见不到一处可心的沙滩。因火山喷发溢出的玄武岩虽经大浪的淘洗和风雨的侵蚀，却依然保留当年的原始面貌，有的如扭曲的绳索，有的如流动的铁水，似乎它们刚刚从炽热的岩流熄灭不久，仍能感觉炙人的热气。由于海岸巉岩崎岖，礁岩千奇百怪，滚滚而来的浪涛如同险滩受阻的激流吐银喷玉，扬起喧腾的浪花，更有甚者如激涌的喷泉从石隙中喷出，在岸边洒下一片蒙蒙细雨，声若雷鸣，十分壮观。

我在海滨大道徘徊，身后驰来一匹棕色的坐骑，马上是个当地装束的原住民妇女，肤色黧黑，乌发皓齿，其背囊盛满物品，系从市场归来。因语言不通，我们相视一笑，她便策马而去。

西海岸前行不远，海岸深入岛屿，凹处形成岛上一处不可多得的海滩，细沙黑色，水质清澈，浪涛不兴，使这里成为游人云集的一处天然海水浴场。

循大道前行，映入眼帘的是道旁一柄鲜艳的遮阳伞，伞下为一妇人出售冰激凌。道旁陡岸下面，即人声喧闹的海滩。这里，海岸折而向西延伸，岸畔筑有酒吧、凉亭，可供游人小憩。海滩不宽，近岸水浅，许多儿童在沙滩嬉戏，但远处的海浪仍很湍急，如卷边的绿叶不时掀起，故适宜冲浪运动，有数名勇敢的弄潮儿在浪涛中出没。

海滩附近，如今是岛民聚居之区。海边屹立数尊高大完整的“莫阿伊”石雕人像，远远便可窥见它们远眺大海的身影。岸边一带地势平坦，杂树丛生，土红色的大道向左右延伸，绿树掩着幢幢洋铁皮覆顶的陋舍。再向北去，宽阔的大道两旁绿草如茵，野花芬芳，时不时露出一幢幢建筑别致的房舍，有旅馆、邮局、出售当地手工艺品的商店，这就是岛上唯一的现代化村庄——汉格罗阿。

汉格罗阿白天见不到什么人，村民的房舍深藏在绿篱丛中，彼此相距甚远，使人无从窥探他们的隐秘。寂静的大道偶尔驰过一辆破旧脱膝的老式吉普，或是游人的奔马扬起一阵灰尘，一切顷刻又归于寂静。我穿过表面灼热的大道，径直走向路旁一家临街的农舍。树影笼罩的房檐下，有位赤膊的老人正在那里雕刻。走近一瞧，老人青筋毕露的手握着一柄很细的雕刀，在一块木质细密的红木上雕刻一具体态瘦削造型别致的人形雕像，它的头部是一只鸟头，但身躯却具人形——这就是复活节岛最为崇拜的“鸟人”。

坐在老人旁边的一位老妪，见我注视老工匠的艺术作品，示意他将“鸟人”递给我看，继而又热情地跨入门槛，从房里取出几件木雕艺术品，有一件是用整块木头雕刻而成的鱼，还有几件是我熟悉的“莫阿伊”的复制品。我问老人雕刻一件这样的作品需要多少时间，他慢吞吞地答道：“少则半个月，多则个把月。”

“这些木料是从哪里来的？”我又问，因为雕刻的木料质地致密，木质坚硬，非一般树木可比。

他的回答出乎我的意料，“这种木头就是岛上生长的。”老艺术家告诉我。

我后来得知，复活节岛土地贫瘠，多属不毛之地，除了长草可以养羊外，谈不上有规模的农业。岛上居民除了靠海吃海，捕捞龙虾和金枪鱼，多依赖旅游业为谋生的主要来源。像这位老工匠雕刻的木雕，还有一些人就地取材用火山岩雕刻的石雕艺术品，在机场、旅游工艺品商店和各景点都有出售，其中尤以木雕艺术最为精致，其价格也相当昂贵。

告别老工匠，走向海边，码头的栏杆前立着的一尊白色雕像引起了我的注意。这尊雕像高约2米，涂着白漆，是西方世界常见的耶稣基督的雕像。在它身后不远的岸边，是那高大粗犷，保持着原始人神秘氛围的“莫阿伊”雕像。只是后者久经风风雨雨，有的雕像残破不堪，更有一尊雕像的头部已从颈脖折断，翻倒在雕像的足下。

望着这尊屹立海边的耶稣基督的雕像，我的第一个感觉是它与周围的环境气氛极不和谐，异常刺眼。如果说“莫阿伊”石雕人像代表着复活节岛原住民居民固有的原始信仰，一种根深蒂固的文化传统，这尊金发碧眼的神像却是外来者强加在复活节岛的文化和宗教——实际正是如此，复活节岛上一部悲惨的衰亡史，不也是在这种仁慈的宗教外衣掩盖下，演出的一幕鲜为人知的血与火的历史吗？

（四）

半夜里被一场大雨惊醒，无论如何也睡不着了。

好些年没有听过如此动人心魄的热带豪雨声了。倾盆大雨似乎还不足以形容它的气势，那是只有站在尼亚加拉大瀑布底下方能感受的气氛，大自然的情感原也是这般奔放的，仿佛只有这样的倾泻才能吐尽积郁心中的块垒。雨声掩盖了一切，大洋的喧嚣听不见了，心灵的尘垢也冲洗殆尽，满耳是山洪般的喧声，在洋铁皮房顶轰鸣，在窗前阔大的棕榈叶片上喧闹，在寂然无人的田野上奏响……

雨声在我的心头激起更加孤寂之感。我没有勇气冒雨走出户外，盘腿默默地凝视黑暗的窗外，时不时地，电光的利剑划破雨幕，我仿佛觉察出大地在暴雨中战栗，山岩和树林在暴雨的鞭打下抽泣。我似乎开始理解复活节岛原住民的心绪，在风雨袭来的日子，当暴虐的狂风在小岛的山野之间耀武扬威，或是无情的暴雨像皮鞭一样抽打小岛那瘦弱的身躯时，面对巨浪掀天的大洋，这座小岛如同被世界遗弃的一叶孤舟，无依无靠，孤苦伶仃，仿佛面临世界末日的厄运。生活在孤岛中的居民的这种寂寞孤独的心态，恐怕是难以摆脱的，在这般恐怖的风雨之夜，益发增加了沉重的压抑气氛。

我在黑暗中不知坐了多久，倾盆大雨似乎无休无止。聆听这震撼心灵的风声雨声，我不禁想起几个世纪以来洗劫复活节岛的血雨腥风。尽管复活节岛如此远离文明世界，但它也无法避免人类的贪欲和暴行的摧残，这不能不说是历史的巨大悲哀。

所有关于复活节岛的发现史，都记载了荷兰西印度公司的一支由3艘航船组成的太平洋探险队，在1722年率先访问了这座小岛。由荷兰海军上将雅各布·罗格文（Jacob Roggween）率领的船队是在绕过南美南端的合恩角，于1722年4月22日这天发现这个奇异的小岛的，由于这天是“基督教复活节的第一天”，罗格文把它命名为复活节岛。也有的文献说，罗格文所以称它为复活节岛，意思是“我主复活了的土地”。但是这个岛上的原始居民对自己的故乡却另有称呼，他们称之为“吉-比依-奥-吉-赫努阿”，即“世界中心”的意思，而波利尼西亚人以及太平洋诸岛的原住民称它为“拉帕-努依”（RaPa Nui），这个名称更令人费解，也颇含神秘色彩，因为直译过来就是“地球的肚脐”。

雅各布·罗格文带领的150名荷兰人登上复活节岛，有资料证实他们的船在岛的东岸抛锚停泊，因此他们立即就被耸立在岸边的雄伟的石像吸引住了。实际上，复活节岛的自然景观并没有引人之处，耸立的火山够不上雄伟的气势，瘠薄的火山灰和火山熔岩覆盖的岛屿景色单调，既没有奔腾的河流，也没有珍禽异兽，而且岛上的居民住在芦苇盖的简陋小屋里，过着极原始的贫困生活，估计约有5000人，是红头发、肤色很浅的波利尼西亚人。

然而和岛上原始居民共同生活在一起的一尊尊巨石雕像，使荷兰人感到惊心动魄。无论他们走到哪里，都会遇到这些屹立在石砌平台上的巨人警惕的目光。石像似乎是有生命的，它们的脸部表情十分生动，有的安详，有的沉思，有的怒目圆睁，有的脸色阴沉。荷兰人看到许多石像头上还顶着巨大的赭红色的圆柱形头饰，它们至少有10米高，都是用整块石头雕成。除了发现数以百计的石像，荷兰人还在岛上看见许多石块砌成的墙壁、台阶和庙宇。

充满好奇的复活节岛原住民居民对欧洲人的首次来访，怀着十分天真的心情，就像见到天外来客一样。然而荷兰人回报他们的却是“文明世界的见面礼”，对聚集岸边手无寸铁的人群开枪射击，所有的刽子手都有堂而皇之的理由，荷兰人声称这仅仅是为了恫吓岛民，后来有人对这类屠杀手无寸铁的复活节岛居民的暴行说得更“俏皮”，是“为了在岛民的记忆里深深留下火枪武器有致命威力的印象”。

罗格文的发现使西方世界第一次知道了这个太平洋孤岛上奇特而神秘的原始文化。在长期与世隔绝的封闭环境里，岛上居民形成了一种独有的生活方式，并创造了丰富多彩的文化艺术，他们有古老的神话传说，有粗犷淳朴的音乐舞蹈，有独具特色的建筑艺术和手工艺品，有耐人寻味的民风习俗，当然他们建造的巨大石像和令人费解的文字，是其中最为引人注目的历史奇迹，至今仍是各国探险家和学者乐于探索之谜。

遗憾的是，人类一开始忽视了复活节岛古老文明的历史价值，没有采取明智的措施加以保护，相反，野蛮的掠夺和愚昧的举动摧残了这株脆弱的文明之花，使它无可挽回地凋谢殆尽。等到人类清醒过来，一切都为时已晚了。

1805年，美国一艘捕鲸船“奈恩西”（Nancy）号来到复活节岛。美国捕鲸者不仅寻找鲸群和猎取海豹，而且企图获得一批廉价奴隶。这些奴隶贩子经过一番血战掳去了岛上12名男子和10名妇女，我们至今尚无法知道，在这场血战中有多少复活节岛的居民遭到杀戮。美国人抓走了复活节岛22名男人和女人，用铁链将他们锁了起来。当“奈恩西”号在海上航行了3天后，奴隶贩子将他们从船舱里放出，并允许他们上甲板呼吸新鲜空气，因为航船这时离复活节岛已经很远，四周都是茫茫大洋。不料刚刚松绑的男人和女人趁看守不备纵身跳入大海，朝着他们故乡的方向游去，尽管他们最后的结局是悲惨的，但他们宁肯死于大海的怀抱也不愿沦为奴隶。

1811年，美国一艘捕鲸船“平多斯”号又在复活节岛掳掠妇女，不堪凌辱的妇女采用同样的方式从船上逃走，但遭到海盗的野蛮枪杀。

对于复活节岛的居民来说，最大的灾难发生于1862年。当时，秘鲁的钦察群岛发现的大量鸟粪是利润很高的肥料，但开采鸟粪却缺乏足够的廉价劳动力。于是，秘鲁的奴隶贩子于这年12月12日分别乘六艘船开赴复活节岛，先用廉价的小商品作诱饵，然后发动突然袭击，杀害了一些反抗的人，将1000多名青壮年男子，还有女人和孩子掳走，运往钦察群岛卖给当地的奴隶主开采鸟粪。据记载，这批俘虏之中有岛上的酋长凯·马科艾（King Kai Makoi）和他的儿子莫里瑞特（Maurate），而这位酋长据说很可能是复活节岛唯一能懂“科哈乌·朗戈朗戈”奇异文字的学者。这种刻在木板上的古怪符号，迄今再也无人能够懂得它的含义了。

秘鲁奴隶贩子的无耻行径引起世界各国的愤怒。塔希提大主教詹森通过法国驻秘鲁的领事向秘鲁政府提出强烈抗议，英国也向秘鲁施加了压力。在世界舆论的谴责下，秘鲁政府不得不做出释放这些俘虏的决定。

可是为时已晚。由于通信手段落后，当秘鲁政府决定释放奴隶的消息传到钦察群岛时，疾病、恶劣的待遇和繁重的苦役，在很短的时间里使这一批俘虏迅速死亡，仅剩下100人左右。在他们返回故乡的航行途中，大部分人又染病身亡，幸存者只有15人。

然而，复活节岛的灾难并未结束。这15名幸存者的归来又将大陆上的瘟疫传播到这个久隔于世的孤岛，他们大都染上可怕的天花，于是那些躲过了秘鲁奴隶贩子追捕的岛民纷纷染病身亡，复活节岛成了名副其实的人间地狱。老人、儿童和妇女一个接一个地死去，到处阴风惨惨，哭声震天。复活节岛在18世纪以前人口仅维持在3000~4000人之间，据估计最高峰时可达到2万人。到1877年，仅剩下111人。可以毫不夸张地说，复活节岛的历史就此完结了，因为通晓古代历史传说的老人相继死去，了解记载着民族历史文化的古代文字的学者也所剩无几，他们的死亡意味着复活节岛的古代文化也葬入了坟墓，这是不言而喻的。

这样的灾难似乎还并未终止。1863年，法国传教士埃仁·埃依洛和另一个依波利特·罗歇尔神父来到岛上。这些上帝的使者最大的“功绩”是使那些幸存下来的岛民皈依了上帝。为了彻底铲除多神教的罪孽，这位自作聪明的法国传教士下令烧掉那些有文字的“千米科哈乌·朗戈朗戈”木板。损失是无法估计的，人们今天所能见到的有限的几块“科哈乌·朗戈朗戈”木板，是这次浩劫中幸免被毁的。因为有的岛民不忍心失去祖先留下的古代遗产，便将它们偷偷地藏在外人无从知晓的秘密洞穴里；还有人用这些珍贵的木板造了一条小船，后来人们拆船时才发现了船木是一本无人能识的天书。但这些具有重大价值的木板，所剩无几，据说至今仅有26块散见于世界许多国家的博物馆里。

复活节岛的原住民居民像无依无靠的孤儿一样，多年来苦难深重，难逃浩劫。每个登上岛屿的强盗恶棍都可以随心所欲地役使他们，欺凌他们，使他们陷入痛苦的深渊。1868年4月，一个法国冒险家杜特罗阿·鲍尔尼踏上复活节岛，大言不惭地宣称他是岛上的主人，使小岛陷于混乱之中。他和基督教传教团发生冲突，捣毁房屋，死伤许多人，并裹胁一部分居民逃往塔希提岛。如果不是后来这个法国恶棍被人暗杀，混乱的局面不知何时才会了结。

1888年，智利海军的杜·波利卡尔波·托洛少校乘“安达尼亚”号船登上复活节岛，正式将该岛纳入智利版图。但他并未给有了祖国的复活节岛带来希望，反而使它陷入更加贫困的境地。托洛将岛上的土地租让给一家英国的公司，跑马圈地，捣毁了除汉格罗阿以外的所有村庄，将全岛圈为饲养绵羊的牧场，致使本来就很稀疏的植被被羊啃得精光，造成土壤流失，生态恶化。不仅如此，岛上的原住民被赶到汉格罗阿，四周圈起铁丝网，只有两个出口，居民不经智利军事长官的许可不能越雷池一步，实际上他们已是失去自由、贫困至极的奴隶了。这种状况一直持续到20世纪60年代。1934年一位参加法国比利时联合考察团的著名学者阿尔弗雷德·梅特罗这样写道：“岛上简直贫困得难以形容，根本谈不上从原始状态过渡到我们的文明时代来。智利人对该岛漫不经心，管理不善，派到岛上去的人又不务正业，因此，复活节岛的问题不是衰落，而是在贫困中腐烂下去。”而在1963

年到达复活节岛的法国探险家弗朗西斯·纪齐埃尔也以悲愤的心情写道："岛上的居民每星期要为官方义务劳动一天，他们没有身份，没有护照，无权离开孤岛。官员们动辄欺负凌辱这些可怜的人。在我们考察期间，此类事情屡有发生。"

目睹复活节岛原住民居民蒙受的苦难，恐怕岛上的石像也会落泪。我踏上复活节岛的头一个晚上，凄风苦雨就这样向我倾诉小岛的满腹辛酸。这该不是偶然的吧，我寻思。

（五）

清晨，雨停了。翻飞的乌云随着阵阵海风在湿润的旷野和起伏的山峦飘逸。大海还是躁动不安，卷起一道道白练，阴郁沉闷的嚣声远远传来。

我踏着吸饱了雨水的大道向海边走去，道旁的青草叶子上滴着晶莹的水珠，十几匹棕色的、灰色的、米色的马在草地上溜达。远处的汉格罗阿村似乎还在酣睡，不闻鸡犬之声；附近的高坡上是一片用铁丝网圈起的别墅，几幢欧式小楼坐落在绿茵的草地和修剪整齐的灌木丛里，据说那是岛上智利官员的住宅。

一路上碰不见人，清晨的小岛异常宁静。这里的生活节奏是缓慢的，现代化的世界与它完全绝缘。它像一个步履蹒跚的老人，迈着沉重而悠闲的步子，在淡泊的生活中打发光阴，不慌不忙，不计时日，任凭时间的长河从它身旁悄然而逝。

和这种安详恬淡的田园牧歌式的生活最为谐和的，恐怕要数那岛上随处可见的“莫阿依”石雕人像了。他们在晨光熹微中醒来，抖落身上一夜的雨水，任清凉的海风拂去脸上的倦容，然后用深情的目光凝视着这块熟悉的土地。他们对这里发生的一切都铭记于心。但他们永远保持最大的沉默，似乎在暗示人类，对于世间一切伟大的和平凡的，高尚的和卑鄙的，可歌可泣的和令人沮丧的，最值得表达情感的方式是保持沉默。

西海岸一片空旷的海滨高地扑入我的眼帘，这里地势平缓，有茂密的野草和开阔的视野，在濒临苍茫大洋的海岸高处，用黑灰色的火山岩砌起的石头平台上，一尊雄伟而完美的“莫阿依”，用炯炯的目光注视着我。

在复活节岛的陆地与大海的交界线，所有的“莫阿依”石雕人像都像尊神一样被供奉在石砌平台上。长方形的石台好似祭坛，长50~60米不等，高和宽在1~3米，大小也不一样。保存完好或者经过修葺的平台——当地称“阿胡”——还有石块铺筑的台阶或倾斜的护坡。这一片扇形的海滨高地的“阿胡”共有三座，也是经过一番清理、发掘和修复才形成今天的规模。这要归功于智利大学、怀俄明大学和国际遗址基金会。在他们的资助下，美国和智利的考古学家在1969—1970年用起重机、绞车和钢丝绳使这些倒塌的石像重新归位，当然他们的工作得到了岛上居民的大力帮助。

不过，三座相距不远的“阿胡”上面供奉的石像，多数破损相当严重。有一座“阿胡”上面是五尊群像，当中的一尊头部被削去一半，而右边一尊个体最小的头部已经被砍掉，不过这五尊石像造型各异，风格古朴，别有一番韵味。与这组群像相距百十来米的另一座较矮的“阿胡”，上面屹立的石雕人像也是免冠的，个头较大，但雕刻的手法比较粗糙。

唯一保存完好的这尊石雕人像立在高大的“阿胡”之上，它和所有海边的石雕人像一样，背海而立，高约10米，硕大的脑袋戴了一顶赭红的石头帽子，这顶石帽的确是“戴”上去的，石料的颜色、质地与建造石像的石料完全不同，式样颇像我国北方人冬天常见的皮帽，唯有上部凸起。这座石像之所以格外引人注目，在于他的造型十分细腻传神，雕刻工艺相当熟练。他两眼圆睁，炯炯有神，目光微呈向上凝望的神态。长耳方颏，隆鼻薄唇，微突的嘴唇紧闭，如同一位反背双手肃然而立的人。我仔细观察他的表情，总感到有一种高深莫测难以捉摸的心态，既威严又心事重重，既不满又克制着心中的忧郁，总之绝对谈不上是愉悦欢欣的。复活节岛上所有的石像，不论是完工的还是半成品，不论是出于不同时代不同风格的作品，你绝对找不到一尊像弥勒佛那样开怀大笑喜上眉梢的神态。他们或阴忧，或沉思，或冷漠，或严肃得叫人心情压抑。他们的心态似乎是复杂的——如果可以称作“心态”的话。这种现象恐怕不是偶然的。中国佛教的殿堂供奉的五百罗汉，虽然形态各异，但喜、怒、哀、乐，人生百态，毕竟都有所反映。为何复活节岛几百尊石雕人像没有一张笑脸，个个神情严肃，心情不悦，这难道不是那些没有留下姓名的雕刻大师留下的一个难解之谜吗？

也许，这也是复活节岛的“莫阿依”石雕人像之所以震撼人们的心灵，形成一种莫以名状的神秘氛围的原因。

我这样想也并不是毫无根据。几乎所有踏上复活节岛的人，都会感到全岛为一种奇异而神秘的气氛所笼罩，而造成这种气氛的原因，便是那一座座高大的守卫在海岸线上的石像。

“在复活节岛上，一种强烈不安和压抑感攫住了我。”法国作家比埃尔·洛蒂写道，“我在其他任何一个岛上从未有过这种感觉。那些巨大的石雕都有略微向上翘起的鼻子和向前突出的薄嘴唇，似乎在向人们投出鄙夷的一瞥，或正在发出轻蔑的嘲笑。”

“莫阿伊”石雕人像神态各异的造型，以及隐藏在石像背后的秘密，至今仍然令人困惑不已。由于现在的复活节岛居民没有一个人参与过石像的制作过程，甚至连年岁最大的老人也不知道石像的来历，这种神秘之感越发增加了它的浓重色彩。人们不知道这些石像代表着一种什么样的超自然的力量，是岛上原始宗教崇拜的神祇，还是岛上神化了的领袖人物和英雄豪杰，如他们的祖先、酋长或首领。或者像有的学者认为的那样，“最早的石雕是代表神和被岛民们神化了的祖先，后来随着时间的流逝，这些雕像就逐渐变成了一种装饰品”。

撇开石像产生的历史文化背景不论，仅仅就石像的制造加工过程，也使研究者难以用常规加以解释。这和其他大陆古文明发源之地的情况不同，复活节岛不过是弹丸之地，又与其他大陆毫无联系，自古以来处于封闭状态。当荷兰船长罗格文首次登岛时，他所发现的小岛充其量不足6000位原住民，生产力极其低下，仍然停滞在落后的石器时代，生活极其贫困。即使是在20世纪的今天（作者写本篇文章的时间），岛上恶劣的自然条件，贫瘠多石的荒原，动植物资源的匮乏，再加上与世隔绝的状况，使岛上社会生产力的发展受到极大限制。以此类推，人们很难想象，在生产工具极其落后、缺乏机械力量的条件下，岛上的原始居民是怎样完成这样庞大的石像的制作，又是用什么方法将这些笨重的石像从很远的地方搬到海边。即使今天，把一顶重达几吨的石帽安全放在石像的头上，又谈何容易。那么，复活节岛的古代工匠又有什么超人的本领呢？

不仅如此，任何古代的宏伟工程都离不开庞大的劳动大军和雄厚的物质条件。尼罗河的富饶，几十万奴隶和高度专制集权的古埃及法老王朝，是金字塔得以高高矗立于大漠之中的基础。蜿蜒在崇山峻岭的万里长城，同样是第一个统一了中国的秦王朝，集中了全国的财力，役使百万奴隶、战俘和士兵的血肉之躯，用血汗铸造而成。可是复活节岛庞大的石像工程能依靠什么呢？它无法聚敛巨大的社会财富，也无法用战争征服别的岛屿或大陆的部落，获得大批廉价的劳动力；它赤贫的土地甚至无法维持一支雕刻大军的温饱，去从事旷日持久的石像制造工程。

但是，复活节岛毕竟在大海中升起的方圆不到200平方千米的孤岛上创造了举世瞩目的辉煌历史。它用石头的永恒记述了一个不同凡响的民族非凡的创造力；用神秘的石像和刻在木板上的符号，以及无数刻在岩石上的图案，留给后人无法猜透的神秘过去。一切社会学家、考古学家、人类学家、语言学家在它面前都无法否认自己的知识是多么的贫乏。一切约定俗成的社会发展规律和传统模式，在“莫阿依”石雕人像的眼里该是显得多么可笑。

我望着一尊尊石雕人像陷入了沉思。当屹立在晨曦中的石像，背枕着朝霞染红的金光灿灿的大海，以嘲讽的神态凝望着小岛的荒原和飘浮的炊烟，孤岛开始新的一天之际；或者，当薄暮升起，石像拖着长长的身影融入夕阳的余晖之中，黑夜又笼罩在山岭原野之上，这种无可名状的神秘氛围更加令人感到压抑。

答案究竟在哪里呢？如果“莫阿依”能够开口说话，也许他会告诉我的。

（六）

在马塔维里国际机场候机厅的小卖部，在汉格罗阿出售岛上富有异国情调的木雕、石雕、贝壳等工艺品的商店，我都被一种奇异的雕板吸引住了。

这是比水果刀大不了多少的浑圆的木板，上面刻有密密麻麻成行的图画符号，排列整齐，构图简洁明快，富有立体的美感。仔细辨认，有的可以猜出它的含义，像鸟头人身的“鸟人”，海里的虾、乌贼或者陆上的昆虫，有的形同月亮、星辰和山脉，多数却很令人费解，可做多种联想和这样那样的解释。不过，即使是不懂古文字的人也会得出这样的印象，它不是毫无意义的一种艺术装饰画，而是一种深奥莫测的古代象形文字。因为它和世界许多古老民族创造的象形文字有异曲同工之妙。

这种木板即复活节岛引以为豪的古代的创造物之一，一种刻写在木板上的象形文字——科哈乌·朗戈朗戈，意为“会说话的木头”，它是这个小岛最神奇的古文明之谜。

我所见到的当然是毫无价值的复制品。就像中国敦煌莫高窟珍藏的古代经卷、壁画和价值连城的《永乐大典》的秘本，如今只能在伦敦、华盛顿的博物馆方能见到，在“科哈乌·朗戈朗戈”的故乡，很难见到这些“会说话的木头”的真迹。那么希望一睹它的庐山真面目，或者有兴趣对这种象形文字进行研究的人，只能到圣地亚哥、圣彼得堡等地的博物馆里满足他们的愿望。

“科哈乌·朗戈朗戈”木板如今成了稀世珍宝，目前全世界也不过26块，但是仅仅在一个多世纪前，在复活节岛上几乎家家都有，算不上是很稀罕的东西。

1770年，即荷兰人发现复活节岛后48年，统治拉丁美洲的西班牙人唯恐法国人捷足先登这个太平洋的孤岛，抢先派西班牙船长唐·菲力晋·冈萨雷斯率领舰船登上该岛。冈萨雷斯绘制了复活节岛第一张地图，在普瓦凯高原的山丘上竖起了个十字架，宣称该岛归西班牙所有。为此他们还举行隆重的仪式，让原居民和他们签订领地协议。当岛上的首领在归属文件上签字时，他在协议书上郑重地画了一只鸟——这是岛上的一种表意文字。

这是西方人第一次知道复活节岛上盛行一种奇特的文字。

不过，真正看见“科哈乌·朗戈朗戈”的还是1863年到岛上传教的法国传教士埃仁·埃依洛。这位从圣地亚哥圣灵修道院来到复活节岛的法国传教士是第一个生活并在岛上去世的欧洲人。他的坟墓如今仍完好地保存在岛上的教堂里。

具有讽刺意味的是，埃仁·埃依洛虽然对受到种种人间苦难的复活节岛原住民抱有同情心，企图用宗教的力量安慰他们的不幸和精神痛苦，但是他传道的直接结果却导致了复活节岛古代文明的毁灭。以“科哈乌·朗戈朗戈”为例，是他第一个报道了“在复活节岛每个居民的家中，几乎都有木头条板或棍子，上面布满了用黑曜石刻写的象形符号”，也是这位法国传教士下令烧掉这些有重大价值的条板，理由是与过去的传统决裂。因此当科学家发现这种会说话的木头的身价，怀着抢救历史遗产的愿望前来搜集时，他们的失望和遗憾是可想而知的。有一个细节是颇令人玩味的：据说埃仁·埃依洛虽接到塔希提岛大主教（这位大主教是复活节岛文字最早的研究者）的命令去收集“会说话的木头”，但是他无法完成这个使命，费了很大力气才找到很少几块。如今保存在彼得格勒人类博物馆的两块，也是埃仁·埃依洛送给俄罗斯“勇士”号考察船船长的。

尽管有的资料说，埃仁·埃依洛从塔希提岛大主教那里得到启示，最终认识到这些象形文字对于研究复活节岛历史的重要性，并且也曾致力于解释这一奇怪的图画符号，但是他自作聪明的举动却使复活节岛的历史陷入黑暗——这些记载着复活节岛的神秘过去的文献毁于西方“文明之火”，再加上岛上屡遭殖民者的浩劫，那些熟悉这种奇妙文字的学者相继惨遭不幸，致使破译象形文字的希望近于破灭。于是，复活节岛上发生的一幕令人扼腕长叹的“焚书坑儒”，就这样造成历史的中断，以致“会说话的木头”从此保持沉默，成为蒙上神秘色彩的天书了。

今天，复活节岛的居民没有人知道这些象形文字表达了什么内容。他们也是这些古代文字的文盲。

人为的文化摧残增加了研究“科哈乌·朗戈朗戈”的困难，许多怀着试图揭开古文字的奥妙，从而拨开复活节岛神秘之雾的学者，不畏劳苦，付出了艰辛的努力，但却空耗了宝贵的时间，结果是满怀希望而来带着失望的心情而去。

英国女学者凯特琳·劳特列吉正是怀着惋惜的心情回顾她在复活节岛度过了将近一年的毫无结果的观察。她是1915年率一支英国考古队乘“玛娜”号帆船来到该岛的。她十分重视访问那些还能回忆起往事、对岛上古老文化有所了解的老人。她拜访了岛上12名60岁开外的老人，希望从他们的记忆中了解复活节岛过去发生的事件。当她了解到，岛上有一位名叫托曼尼卡的老人是唯一懂得“科哈乌·朗戈朗戈”木板上的古代文字的人，便前去访问他。

托曼尼卡当时躺在岛上的麻风病院里，已是不久于人世的病人。凯特琳·劳特列吉的访问毫无结果，因为一谈起古代文字，重病的老人就像“莫阿伊”石像一样沉默。是对欧洲人的敌视心理，不愿向他们敞露心底的秘密，抑或疾病已夺去了他的记忆力，谁也猜不透。

“我又尝试了一次，但仍然是徒劳无益，只好同他告别了。”女考古学家后来在《复活节岛的秘密》一书中写道，“平静异常的一天就这样过去了，在这与世隔绝的地方，一切都显得十分安静。我的面前是水平如镜的海洋，苍茫一片，伸向天际。太阳像一个大火球似的，在远处的海平线上落了下去，而我的身旁就躺着那位正在死去的老人。在他那衰老的头脑中，还保存着复活节岛某些珍贵知识的最后残迹。两个星期过后，这个老人就去世了。”

女学者不无遗憾地叹息道：“我们自己也没有闲着，整天翻山越岭、爬山崖钻山洞，为的是寻找那些条板。可最后我们还是两手空空，什么也没有发现。”

欧洲的学者因为他们的同胞犯下的罪行而遭到复活节岛居民的冷遇并不奇怪，就像中国人永远不会忘记日本侵略者在南京屠杀了几十万中国老百姓的罪行一样。这种铭刻在一个民族记忆中的仇恨是永远不会被淡忘的，除少数汉奸卖国贼以外。20世纪30年代中期定居在复活节岛的德国神父谢巴斯契扬·恩格列尔特曾经指出，英国女学者凯特林·劳特列吉曾惋惜托曼尼卡老人把他的知识带进了坟墓，这不是事实，因为据他所知，托曼尼卡老人有他的学生，其中的一位就是凯特林·劳特列吉的房东。但不论是老师还是学生，他们对外国人一概守口如瓶，不愿泄露古老文字的秘密。据这位在岛上生活了40年，写过许多有关该岛权威著作的德国神父说，复活节岛人认为岛上的“科哈乌·朗戈朗戈”木板和上面的象形文字，都是严格的禁忌。他们以往遭受的灾难，都是因为有的岛民违反了禁忌，向外来人泄露了秘密而遭到天神惩罚。所以岛民们不仅自己不向外人透露上述秘密，对那些企图向外人提供情报的人也决不宽恕。有一次，一个守卫秘密洞的老头儿突然失踪。复活节岛上至今仍有许多藏有珍贵和神奇物品的洞穴，据称这个老头儿同欧洲人谈妥，要把洞穴中的一些财宝高价出售给对方。不料风声泄露，老头儿就失踪了。他不是被岛民们活埋，就是葬身大海，因为从此再没有人见过他。德国神父也承认，尽管他在岛上生活了40年，而且是岛上为智利当局默认的统治者，他也无法从岛民们嘴里得到任何有价值的东西，人们有意向他隐瞒了许多秘密，不让这个“上帝的仆人”了解内情。这并不奇怪，因为正是他的前任毁灭了复活节岛灿烂的古代文化的，复活节岛的后代子孙永远不会再相信传教士的花言巧语。

关于“会说话的木头”的用途，有的资料说它是祭司们在隆重的宗教仪式上使用的圣物，祭司手举木板，吟唱关于生命、死亡、爱情的诗歌，而诗歌的内容有的是述说古代的传说，也有的是发生在彼时彼地的事件。也有的资料认为，这种象形文字的木板是描述了一桩纠纷或案件的判决书。然而所有这些似是而非的解释都不过是大胆的、缺少根据的推测，因为人们至今也不知道如何读复活节岛文字的一个单词或者符号，又如何判断它包含的内容呢?

不可否认，许多国家的语言学家、考古学家都投入到了对“科哈乌·朗戈朗戈”古怪符号的破译中，他们就像在黑暗洞穴中摸索前进的人，企图找到一线光明透入的出口，然而直到目前为止，希望仍是渺茫的。

有人认为这种文字是从南美大陆传入的;

有人认为它起源于印度，可能与印度南部的铭文有关;

也有人认为复活节岛的文字不仅同印度的象形文字相似，而且同古代中国的象形文字和东南亚的图画文字也有相似之处;

也有人认为它根本不是文字，只不过是装饰图案的一种符号，是编织物的花纹；

还有人证据确凿地宣布，这种文字是某种有声语言，它的基础和古代东方的文字，例如，两河流域的楔形文字、古埃及的象形文字的基础是一样的。

很难对这些结论做出判断。“科哈乌·朗戈朗戈”木板上刻写的象形文字，无疑是这个不受外界影响的小岛孕育起来的一种智慧的创造物。它是打开复活节岛无数秘密的一把钥匙，可惜由于人类自身的失误，也许很难弄清使用它的方法，至少在我们可以预见的时间内。

在人类古文明史上，留下了多少类似的千古遗恨啊！

（七）

“不要问我从哪里来，我的故乡在远方……”

当我在复活节岛布满石头的熔岩平原漫步，或者登上山岗眺望蔚蓝色的大洋时，我的潜意识不由自主地唱起这首旋律优美的流行歌曲。

以前，我读过挪威探险家托尔·海尔达尔的著作《“太阳神”号远征记》，书中记述了他本人一次轰动世界的探险经历。这次事件发生在1947年4—8月间，托尔·海尔达尔一行6人乘坐一艘原始的木筏，完成了横渡太平洋的惊险历程。

几年前，我来到秘鲁的卡亚俄港访问。很巧，1947年4月28日，挪威探险家的海上远征就是从这个港口启航的。那是用从安第斯山采伐的9棵粗大质轻的大树扎成的木筏，按照印第安人的木筏式样，舱面正中搭起一间竹舱，前面竖起高大的桅杆，挂着正方形的帆片。木筏既没有机械动力装置，也没有先进的导航仪器，一切都模仿古代航海家的远征，只带了56罐淡水和可供4个月的食品。唯一的现代化装备是一台无线电收发报机，便于通信联络。

海尔达尔这次模仿古代航海家的航行，是出于一种对科学的探索，而不是单纯的冒险。据他本人在书中介绍，1937年他来到太平洋中的波利尼西亚群岛从事生物调查，在法土希伐岛上生活了将近一年时间。他从岛上一位名叫台特图亚的老人那里知道，岛上的原住民并不是土生土长的，他们的祖先来自大洋彼岸一个辽阔的大陆，而他们渡海迁徙的首领是个名叫蒂基的酋长。

于是，海尔达尔对太平洋中波利尼西亚群岛的原住民的起源产生了浓烈的兴趣。为此他放弃了动物学研究，他说："我想不再研究动物，要钻研原始民族，南海上没有解决的神秘激励了我，这一定要有一个合理的答案，我下决心，要查出神话中的英雄蒂基的来源。"

在以后的岁月里，海尔达尔观察了南美洲印第安人的历史遗迹和古老传说，他惊讶地发现，印第安人创造的巨石建筑和雕刻人像，与太平洋的皮特克恩岛、马克萨斯群岛以及复活节岛上的石像有相似之处，而且印第安人即使在鼎盛时期也不会使用铁器，仍然使用太平洋诸岛普遍使用的石制工具。另外，给他最大震动的是印第安人关于太阳神威拉柯查的传说。据他在秘鲁的调查得知，是从北方来的白皮肤的神威拉柯查教会了印第安人祖先建筑、农业以及礼节。威拉柯查原名康蒂基，意思是太阳蒂基，是白种人的大祭司和太阳神。在秘鲁与玻利维亚之间的的的喀喀湖岸的巨石建筑废墟就是他留下的。后来，康蒂基和他的部落遭到攻击，便从南美洲离开，横渡太平洋西行而去。

由此，海尔达尔确信，秘鲁的白人酋长康蒂基和波利尼西亚群岛传说中的酋长蒂基，实际上是一个人，是他最先率领部族渡洋而来，成为波利尼西亚群岛原住民的祖先。

为了证实这个大胆的结论，海尔达尔策划了1947年这次海上远征。他想用实践证明，古代的航海家乘坐简陋的原始木筏，从南美西海岸出发，完全依靠风力和海流的驱使，从太平洋上漂流到岛屿是可行的。如果他本人的探险成功，那么法土希伐岛上台特图亚老人的说法就是可信的。

果然，海尔达尔驾驶“太阳神”号木筏，共用了101天，航行4300里（1里＝500米），重现了古代印第安人的祖先从南美洲到波利尼西亚群岛的航行。他所到达的地点是波利尼西亚群岛中的一个暗礁密布的腊罗亚群岛中一个荒岛，受到这个岛上波利尼西亚人的热烈欢迎。这个岛就被命名为康蒂基岛。

在复活节岛的日子里，我在惊涛拍岸的海边，眺望滔滔而来的波浪，不禁想起在遥远的古代，一批勇敢的航海家驾驶木筏，扯起风帆，驶向复活节岛的情景。他们经过无数个日日夜夜的颠簸，经受了狂风暴雨和大风浪的折磨。

当他们的视线中突然出现一座火山高耸、岩岸峭立的小岛时，该是何等的欢欣雀跃。他们加速划桨，欢叫着冲向海滩……

“他们究竟是从哪里来的？”聆听着声震如雷的涛声，再看看空蒙无帆的大洋，我再次想起这个困惑不已的问题。不错，海尔达尔的探险似乎有力地证实了关于复活节岛的居民起源于南美的结论，还可以列举一些证据说明复活节岛以至波利尼西亚人都来自南美，可是他的论据也不是无懈可击的。考古学家发现，复活节岛早在公元4世纪就有人定居，而且在公元9世纪，岛上的人就开始建造巨大的雕像，可是南美印第安人创造的古代遗迹却是公元6世纪至10世纪的产物，时间的差距似乎无法得到合理解释。何况，从南美大陆乘木筏漂流到波利尼西亚群岛的航行，虽然可以说明古代航海家航行的轨迹，但是风和海流同样可以沿着相反的方向越过大洋，也就是说，波利尼西亚人和复活节岛原住民的祖先有可能是来自西方。

其实，要了解复活节岛居民的起源并不复杂，因为复活节岛居民使用的语言和太平洋诸岛一样都是波利尼西亚语，而且他们都是波利尼西亚人。我在岛上暂住的Apino Nui旅馆的女店主，据她介绍，她的母亲是波利尼西亚人，父亲是智利人。她身材矮胖，皮肤较黑，乌发扁鼻，兼有二者的特点。但这家旅馆的厨娘却是典型的波利尼西亚人，高大的身材，黄色的皮肤，乌黑的头发和扁平的鼻子。据她讲，她的娘家在塔希提岛。复活节岛如今纯种的波利尼西亚人不多，只有70余人，多数是当地人与智利、法国、英国、美国人的混血儿。不过，在欧洲人尚未踏上复活节岛以前，这里的原住民居民都是波利尼西亚人的后裔。

复活节岛西南端的拉诺－卡奥火山口旁，在濒临海岸的峭壁顶端有几间石屋。它是岛上举行祭祀活动的圣地——奥朗戈（ORONGO）。这里居高临下，可以一览无遗地眺望海平线十分浑圆而深远的轮廓，使人对地球的形状产生丰富的联想。离它不远的海面，有3个露出尖峰危岩的小岛，它们分别是莫多－依基岛，莫多－努依岛和莫多－卡奥卡岛。小岛无人居住，却是候鸟的栖息之地。每逢南半球的春天开始，岛民在酋长和祭司的带领下，在这里举行“鸟人”挑选的隆重仪式。可惜的是，自从1862年秘鲁奴隶贩子血洗复活节岛以后，这个赋有象征意义的宗教仪式再也不复存在了。

由岛上各部落挑选出来的武士，在仪式开始时泅渡到海中的莫多－努依岛。他们藏在阴暗潮湿的洞穴，耐心等待候鸟的到来——他们等待的是一种黑色的海燕，据称它是岛民崇拜的神马克－马克派来的使者。其余的岛民在奥朗戈的山崖上祈祷，祭祀马克－马克神。默默等候着莫多－努依岛上的动静。

“鸟人”的仪式由来已久，登上莫多－努依岛的武士们目标是等候黑色海燕生下的第一枚鸟蛋，谁最先发现并得到第一枚鸟蛋就是胜利者，但有时他们往往要等几天甚至几星期，于是人们使用芦苇扎的筏子给勇士们送去食物。

仪式的高潮是取得第一枚海燕蛋的勇士飞快地游回奥朗戈的场面。按照传统，他将被剃光头发和眉毛，被命名为坦加诺–玛努，即“鸟人”，于是他在一年的期限内享有全岛领袖的殊荣，而且被视为神的化身受到岛民的尊敬。

“鸟人”崇拜在波利尼西亚群岛并不存在，人们由此对复活节岛原住民的起源又产生了新的疑问。从复活节岛奥朗戈保存的“鸟人”岩画以及木雕的“鸟人”图像，研究者在美拉尼西亚群岛找到类似的文化渊源，说明复活节岛对鸟的崇拜是从所罗门群岛传入的。此外，从石雕人像的脸型，尤其是复活节岛“莫阿依”头上的红色圆柱形头饰，有人解释这是红色卷曲的发髻，而不是帽子，这种红头发的特征正是美拉尼西亚人染红头发习俗的反映。

经过各国学者多年的研究，人们初步了解到这座孤岛上居民起源的轮廓：早在公元4世纪，红头发黑皮肤的美拉尼西亚人来到复活节岛。他们在奥朗戈圣城举行“鸟人”崇拜仪式，建造祭台式的“阿胡”，树立了较小的雕像。到了十一二世纪，波利尼西亚人在霍多－

玛多阿的率领下，乘船来到复活节岛，他们带来甘薯、椰子、甘蔗、土豆等农作物，还带来一种托洛－米洛的树苗。从此开始雕刻巨大的石像，并将它们安放在阿胡上。两种文化在不断交融过程中，既有继承又有发展，从而形成复活节岛独具特色的文化。到了1680年，他们之间爆发了部族之间的战争——至今岛上的居民流传着这次残酷内战的种种传说，结果波利尼西亚人获得胜利，他们不仅消灭了美拉尼西亚人，而且将他们建造的“莫阿依”石雕人像推倒在地……

有的学者指出，复活节岛爆发大规模的内战，原因是和石像雕刻工程有关，也是长期积累的阶级与民族矛盾的总爆发。由于经年累月地役使大批人雕刻石像、造祭台，致使岛上的老百姓陷于赤贫。据分析，雕刻一座较大的石像，并将它搬运到海滨，放在“阿胡”之上，起码要花费2万人的劳动力，这对人口稀少、资源匮乏的小岛已成为灾难性的负担。它造成田园荒芜，社会停滞，经济落后，岛民日益贫困化。加上复活节岛位于太平洋地震带，强烈的地震，诱发火山爆发，天灾人祸，必定激起岛民的不满和社会动荡，于是生活在底层的波利尼西亚人终于揭竿而起，将美拉尼西亚人连同他们视若神明的偶像统统推翻了。

不过，这种种解释都缺乏十分确凿的科学依据，一个屡遭破坏的古代文明毕竟留下无法连接的环节，人们可以这样解释，也可以从另一个角度推断，在复活节岛永远留下许多无法解释的谜。

（八）

一辆浅黄的老式吉普车颠簸在碎石和火山砂砾铺成的公路上。路面很糟糕，似乎长久无人清理，车辙压陷的深坑积满了水，时而有石块横在路面。我们就像坐在摇篮里一路晃来晃去，不时发出声声惊叫。

吉普车是旅馆租赁的，租金并不算贵。那位波利尼西亚人和智利人的混血女老板权做向导。她是智利大学化学系毕业的，毕业后回到家乡从事旅馆经营兼做向导。复活节岛年轻的新一代人正在从封闭的孤岛生涯勇敢地闯出来。他们不再是受人欺凌的羔羊，日渐兴起的旅游业正是他们大显身手的舞台。他们在与外来民族的交往中创造了新的人生价值，虽然这仅仅是开始。

我们贴着三角形小岛的底边一直向太阳升起的方向驶去。天色阴郁，没有太阳，倒也避免了烈日的炙烤，但沿途的景象益发显得荒寂。灰蒙蒙的天空下，举目四望，视线所及尽是野草点缀的多石的旷野，黑色的石头像聚集一团的野牛在原野上漫游，又似一堆堆雨后长出的牛肝菌，草很稀疏，长得无精打采。看不见树木，也没有灌木丛，有的地方黑色的石头垒成一道一道矮墙，好似人为的地界。沿路看不见村庄，也没有一个人影，只有公路一侧的大海浪涛汹涌，呼啸的风声伴随澎湃的浪花，在礁石岩岸追逐。

复活节岛的南岸人烟稀少，景色单调，唯一可以观赏的是几处立在海边的“阿胡”，但石砌平台上屹立的“莫阿依”石雕人像几乎无一例外被推倒在地，似乎没有人想把它们恢复原位。石像倒塌的方位都是倒向小岛，如同海上有一股巨大的力量将它们推下石台。有的石帽被掀出很远，这倒使我有机会观察它的形状和岩石成分。它和雕刻石像身躯的石料完全不同，而且不会出自同一个产地。石帽是红色的火山砾岩，质地松，用手指头轻轻一掰，可以抠出小块，估计它的重量是较轻的，和火山浮石差不多。在一处颇为壮观的“阿胡”上，女向导指着一个洞穴叫我们看，那是“阿胡”石台的基部，两尺（1尺=0.33米）大小的洞口，里面放置杂乱的骸骨。女向导的解释证实了某些考古学家的说法，他们认为复活节岛分散各处的石雕人像属各个不同的部落和家族。每尊石像都是部落家族受到尊重的首领或酋长，而他们死后的遗骸就安葬在供奉石像的“阿胡”下面。

在这片偏僻的海滨，离公路不远的平原上，我们还发现了几处岩画。它们有的似海龟，有的像鱼，也有的是不知其名的四足动物。岩画刻在地上的岩石上，石面比较平坦，画面线条十分简洁，形象生动，很能说明复活节岛古代居民的艺术才华达到相当成熟的水平。

我们此行的目的地是岛上著名的拉诺–洛拉科火山（Rano Raraku）。环岛公路走到三角形小岛东端的普–阿卡古基火山山麓，有一条岔路折而向西。普–阿卡古基火山和岛上另两座火山–即三角形顶端的拉诺–阿–洛依火山（RANO A ROI）和西南端的拉诺–卡奥火山（Rano Kau）——呈三足鼎立之势。它高达375米，火山口很小，喷出的熔岩使它形成坡度很缓的山坡和伸向大海的波伊克半岛，但在近岸处却是陡峭的悬崖绝壁，那青翠的山坡仿佛是高山上的牧场。我们要登临的拉诺－洛拉科火山，在普－普阿卡古基火山的西南，据说它是一座寄生火山。

远远就看见拉诺－洛拉科火山的雄姿，但它给我的第一印象却不像一座火山。它不是圆锥形，山峰不像富士山那样丰满匀称，火山口分为不对称的两半，东南部又高又陡，高出山麓120米，北半部低而平缓，高度仅50~70米，很像一个被切去一半的俄式面包。

看来，慕名而来的不仅是我们，山麓的公路旁停了几辆大面包车。那里有一道火山岩块堆砌的矮墙和一个不大的入口，好像进入山寨的一道关隘。“拉诺－洛拉科”几个刻在石碑的大字异常醒目，说明这里已圈入文明遗迹的保护之列。

我们从石碑前面的入口步入山坡，开始坡度不大，山坡土层较厚，长有茂密的野草，只有一条用脚蹬出的小道蜿蜒其间。渐渐地，坡度陡了起来，有的地方很滑，小道忽而向上，忽而折而平行。这时我们的注意力都在山顶上，那岩石裸露的火山顶部似乎有种神奇的力量吸引着我们，使我们顾不上气喘吁吁，也要奋力爬上去。

“到了！”当走在前面的女向导回过头说道，我们猛跑几步，不由地一个个张大了嘴，无法掩饰我们的惊讶。

我此刻的感觉仿佛回到遥远的古代，我似乎看见一个个手持石斧石凿和木棍的工匠正在用他们手里的原始工具开山凿石，耳畔响起不绝于耳的叮当声。这是采石场千古不变的声响。不过，这里开采的并不是建筑用的普通石料，人们用最原始的手段创造着永恒的艺术，毫无生命的顽石在能工巧匠手里被赋予了生命的血肉之躯，还注入了超越生命的神奇力量。

我们眼前的拉诺－洛拉科火山，正是一座“莫阿依”石雕人像的加工厂，更确切地说，它更像一座露天的石像博物馆。有人说它是名副其实的雕像山。这里躺着据说有150尊未完工的石像，也有被加工了一半而放弃的“废品”。它们躺在凿空的石槽里，背部还和山岩连在一起，有的斜卧在倾斜的山坡，默默地仰望苍天。当初的石匠充分利用石料，有时把几尊石像并排一起加工；也有的石像隐藏在草丛或者巨大的石缝里，需要仔细观察才能发现。石像有大有小，大的石像高22米，令人生畏。人站在它的旁边如同侏儒。石像的加工精度也有区别，有的接近完成，只需搬运到指定地点；有的仅仅雕刻了基本轮廓；多数雕像都达到相当精细的程度。它们的造型酷似屹立海边的莫阿依石雕人像。

我们在一尊尊石像间盘桓，不禁为这巨大工程而惊叹，同时一个个问题也接踵而至，这些石像为什么没有完成突然放弃了呢？是什么原因使石匠们停止工作，将他们耗费心力的艺术品丢弃不问呢？尤其是有的石像已全部完工，石像底部垫上滑动的石块，就像一艘拴在船坞的新船，只需砍断缆绳就将驶向大海，然而是什么原因，使它永远搁浅在它的摇篮里，永远失去眺望大海的机遇呢？

我无法解释这奇怪的现象。曾经到过这里的挪威探险家海尔达尔似乎对此也有同感。他说："如果你置身于拉诺－洛拉科火山之中，那你就会觉得自己好像接触到了复活节岛的秘密，这里的空气也仿佛充满了神秘的气氛。"我想，这种神秘气氛还在于你会感到一种超自然的力量，存在于这些默默无言的石像之间。如果你面对像洛阳龙门石窟那样宏伟的石雕，你当然也会想到当年的石匠是怎样加工它们的。然而，当这些笨重的家伙被雕成之后，又是用什么办法将它们从山顶搬到十几千米以远的海边，再将它们完好无损地竖在"阿胡"之上？即使是今天，人们用起重机、吊车和大卡车，也并非易事，可是不要忘记，那些和石雕人同时代的复活节岛人正处在蛮荒的石器时代。

女向导看出我的疑惑，指着山下的旷野对我说，石像是沿着一条依稀可辨的道路搬到海边的。我纵目远眺，熔岩平原似乎有一条弯弯曲曲、断断续续的路，像一条模糊的虚线，而且路上还能发现倒下的石像，好像他们走到半路上突然不动了。一切都是那么神秘，简直不可思议。

从拉诺－洛拉科火山口的雕像山下来，我们又爬上平缓的北坡，翻过一道不高的山梁，静卧在宽敞的火山口里的一个火口湖扑入眼帘。火山口四周坡度平缓，北缘离海不远。海浪日夜吞噬它的岩石，一旦岩层崩塌，湖水就会消失。不过，眼下湖水宁静，湖畔丛生着青翠的芦苇，如童话里的仙境，异常静谧。我们坐在湖畔的山坡，屏声敛息，杂念顿消，一颗心仿佛沉入那深邃的湖底。

拉诺－洛拉科火山的神秘还不限于此，在火口湖的东北坡以及半山腰，还有许多矗立山坡的石像。这些石像和海边的莫阿依，以及雕像山那些未完工的雕像，造型完全不同，属于截然不同的两个风格。它们都是完工的雕像，好像长在山坡上。而且它们都是上半身，头部占了很大比例，最突出的是它们狭长的脸颊、高挺的鼻梁、深陷的眼窝、长长的耳朵以及撅起的嘴唇，多数雕像只是一个头加上脖子，此外，它们都从不同方向眺望大海，和背海面岛的莫阿依形成鲜明的对照。

这些风格不同的石像肯定包含着我们还不十分清楚的秘密，也许它们是不同时期的产物，造型不同的石像代表着先后到达复活节岛的不同的民族，各自继承了不同的文化传统。是不是还有别的解释，我无从回答。

笼罩着迷雾的拉诺－洛拉科火山，使我懂得了复活节岛的神秘所在，但我却是带着更多的困惑离它而去。

（九）

阿纳克那海滩（Anakena）称得上是复活节岛最迷人也最美丽的地方。它在岛的北端，广阔的沙滩，蓝蓝的海水，迎风摇曳的棕榈将它点缀得十分妩媚，和岛屿西部荒凉冷清的景象形成鲜明的对照。复活节岛树木稀少，但这一带却有成片高大的棕榈，给烈日下跋涉的游人张开一柄柄巨大的遮阳伞。沿着纵贯全岛的一条公路，途中还要经过一条森林繁茂的谷地，而阿纳克那海滩就在这条公路和另一条环岛公路的交会处。

不仅自然风光得天独厚，阿纳克那海滩松软的沙地尽头，濒临海岸的高地上还屹立着7尊雄伟的“莫阿依”石雕人像，除了两尊头部不翼而飞，其余5尊保存非常完整，有4尊头戴红色圆形石帽。它们竖立在高大的“阿胡”之上，石台的边坡用石块加固，遍植青草——在复活节岛上，这样完美的石雕人像群只有很少几处。

阿纳克那海滩还和复活节岛的古老传说有相当密切的关系，根据传说它是波利尼西亚人的最早移民落脚之处。相传在11~12世纪，在希瓦的毛利人中间，由于氏族内部冲突和自然灾害，居民大批死亡，于是氏族首领霍多－玛多阿被迫离开故乡去开拓新的疆土。据说在梦中有人告诉霍多－玛多阿，说是一个向着太阳的美丽岛屿正等待他的到来。他派了7名青年做先导，带了农具和种子去寻找该岛。随后他和妻子、臣民几百人，分乘两条大船逃离了灾难深重的故土。两个多月的航行，最先到达的7名青年水手和大批人马在阿纳克那海滩汇合，并将霍多－玛多阿的王宫定在这里。传说中提到，霍多－玛多阿的船队抵达复活节岛是一个极为热闹的场面。经过长途航行的人们在白色的沙滩宿营，头戴羽毛王冠、身穿色彩鲜艳斗篷的霍多－玛多阿手持象征国王权力的权杖，巡视了这片陌生的土地，他对这里的一切都很满意。事实也如此。移民们从故乡携带来的动植物很顺利地适应了这里的气候。他们开垦土地，种上了甘薯、香蕉、甘蔗、土豆等农作物，并饲养家禽，孤岛出现人口增长、经济繁荣的时期。多年之后，霍多－玛多阿的眼睛瞎了，年岁越来越大。他知道自己不久于人世，便叫他的孩子们搀扶他来到岛上最高的拉诺－卡奥火山。他朝着遥远的故乡——希瓦呼喊，以表达他对故土的思念。几天后，他死了。他的孩子们将他安葬在阿纳克那海滩，让清风和不息的涛声和他做伴。

我坐在海滩棕榈林的绿荫下，这里为游人预备了好些木头的长凳和条桌，是野餐的好地方。海风轻轻吹来，棕榈的羽状叶子絮语盈耳，似乎向我讲述遥远的过去。灿烂的阳光照耀着远处那一尊尊神情庄严的“莫阿依”，那专注的目光和不可思议的表情，使海滩弥漫着无比神秘而令人迷惘的气氛。我很快就要离开这座充满神奇色彩的小岛，我怀着试图揭开它的谜底的愿望而来，却将带着更多的困惑、更多的疑问而去。其实，冥思静想，这也毫不奇怪。人类的历史本来就是一团充满神秘色彩的迷雾，在历史的长河中，我们不过是匆匆过客。没有亘古不易的法则，没有万世不衰的江山，沧海桑田，盛极而衰，绚丽的文明之花纷纷凋零，微不足道的种子长成参天大树，历史的辩证法本来就是如此。何况历史本来就是人写的，人能够创造历史，也能够编写历史。迷雾自古以来就是历史的障眼法，它善于隐恶扬善，惯于弄虚作假，长于颠倒黑白，一部二十四史又有几多真真假假，虚虚实实，何人弄得清它的是非曲直呢？想到此，复活节岛倒也有可爱之处，它那扑朔迷离、似是而非、若有若无、莫测高深的历史迷雾还是由它弥散开去，不求个水落石出为好。让人们去遐思，去幻想，去探索，去考证，不也是人间一大乐趣么？

我就是这样怀着愉悦的心情，接过波利尼西亚人馈赠的一串贝壳项链，告别了令人无比留恋的复活节岛。

智利航空公司的一架波音747客机继续越过太平洋，向着另一个美丽的塔希提岛飞去……

散落在山坡上的石像

复活节岛上的石像

耸立在阿纳克那海滩上的“莫阿伊”雕像群

复活节岛景象

马塔维里国际机场是复活节岛通向世界的唯一空港，这是机场简易的候机楼

后记

晨起动征铎，客行悲故乡。鸡声茅店月，人迹板桥霜。

槲叶落山路，枳花照驿墙。因思杜陵梦，凫雁满回塘。

唐代诗人温庭筠这首五律诗《商山早行》，生动地描写了古代驿站清晨的美丽景色和旅人思乡的心情。在交通不便的年月，漫长旅途上的驿站，大约相当于今天官办的招待所，那是专门接待来往官员的。至于平民百姓，在旅途中只能投宿私人旅店、客舍，也叫“逆旅”。李白《春夜宴诸从弟桃李园序》说，“夫天地者，万物之逆旅也”，就是说天地不过是万物的旅舍。苏轼《临江仙·送钱穆父》说：“人生如逆旅，我亦是行人。”说得更直白：人生就是一趟漫长的旅程,如在不同的客栈停了又走,走了又停，你我都是匆匆过客。

这本《天之涯 地之角》，就其内容而言，恰是前半生漫长旅程的不完全记录，虽然篇幅长短不一，完稿于不同年代，却也多少捕获了人生逆旅的不同风景，仅此而已。在这本小册子即将付梓之际，我忽地生出一个念头，应当写一写我住过的旅店的故事，这也许很荒诞吧，但我相信一定是很有趣的。

如果说人在旅途，那么在漫长的人生旅途，不论是偶尔歇脚打尖的鸡毛小店，还是标准客房的星级宾馆，都是容我养精蓄锐然后继续前行的补给站，这些各有特色的驿站是和特定的旅程连在一起的，往往还有特殊的人生机遇，是很有必要诉诸文字的。

在我的记忆中顶不起眼的一家旅店，印象却异常深刻。那还是20

世纪70年代末的一天，在云南西双版纳的一个离国境线不远的山村，当我和一位傣族向导在崎岖山路跋涉了一天，好不容易看见了炊烟升起的村寨时，太阳落入黑黝黝的原始森林，顷刻之间暮色沉沉，什么也看不见了。

我们摸黑进了村，那时也没有电，看不清到了什么地方。好在傣族向导熟门熟路，把我领进一间大屋，大概是公社的所在地，也是接待来来往往的客人的地方。忽然眼前一亮，原来是灶台生着火，粗大的树枝在炉膛里熊熊燃烧。傣族向导用我不懂的傣语说了些什么，借着火光，看见有人给我盛了饭菜，囫囵用完饭，又领我到一间四面透风的房里歇息。

一切都在黑暗中进行，但绝不是黑店。只是我至今也不知道晚饭吃了什么，是谁接待了我们。睡的床铺是几块竹子拼的竹床，也没有铺的垫子，只有一床油腻腻的棉毯。好在夜晚不冷，我很累，很快进入梦乡。但是半夜里我却被一声声野兽的嗥叫惊醒，不知是虎豹还是猿猴。凄厉而令人恐惧，于是索性坐起，再也睡不着了。

在南太平洋的复活节岛逗留的日子，住在一家玻利尼西亚人开的家庭旅馆里，虽然简陋，但富有人情味的家庭温馨，给我印象很深。这已是20世纪末的一个夏天。这家名叫APINONUI的旅馆，是一幢白墙平顶的平房，房前有一道水泥柱子的花架，旁边耸立着细长的棕榈。进门是约20平方米的客厅，进去是五六间干干净净的客房，有卫生间，还可以洗热水澡——这在孤岛上可是奢侈的享受。客厅是公用的，几张旧沙发在当中围成一圈，靠墙放着一台电视机，但从来没有接收过电视节目。茶几下面扔着几本破旧的老杂志和封面剥落的复活节岛的旅游指南，都是房客临走前留下的。余下的空间，放着几张方桌，旁边是一间厨房。这里既是客厅也是餐厅，旅客在这里就像家里一样随便，沏一杯咖啡，或者来一杯英国红茶，一边翻翻旧杂志，一边海阔天空地闲聊，没有人干预也没有人管你。旅店的老板——一位胖胖的笑容可掬的玻利尼西亚女人，除了一日三餐准时露面，给你端汤上菜，其余的时间根本不见踪影（后来才知道，她在机场候机厅外面有个卖土特产的小摊位）。他们给旅客以充分的自由，静静地享受着复活节岛的宁静氛围，这里面也包含着人与人之间充分的信赖，丝毫没有高级宾馆那种表面热情、骨子里戒备提防的心态。

我还忘不了我在南极洲住过的“客舍”。在那个难忘的暴风雪肆虐的夏天，在乔治王岛海边，我独占了一顶帐篷。它是我的栖身之地，也是我的书斋。它坐落在积雪的海滩，咫尺之间便是漂着大小浮冰、终日浪涛汹涌的冰海。帐篷撑开有3米见方，只有一个圆形的透气窗，帐篷里面有一只运器材的木箱，成了我的书桌，我还动手钉了长长的木条，支起一盏电灯，加上电暖气，颇有现代化的气息了。在这个温馨的帐篷里，我度过了南极的风雪之夜。也许是天意吧，当寒冬悄悄来临时，一天夜里，暴风雪铺天盖地卷来，狂风撕扯支撑的绳索，继而掀开通气窗，大团大团的雪花穿门而入。我狼狈不堪地跑出跑进，搬起冰块加固绳索，用冻僵的双手扶起摇摇欲坠的充气柱，然而无济于事，小帐篷也许意识到完成了历史使命，轰然倒塌——因为过不了几天，我们就要踏上返回祖国的归程了。

当然，我还住过许多旅馆客舍，简陋的、豪华的，各不相同，各具特色。罗马古城的旅馆，狭窄的街巷，脱漆的百叶窗，斜映着古罗马的夕阳；尼罗河岸边的法老旅馆，终日回响着祷告真主的召唤，远眺那风沙中金字塔的身影；多瑙河畔一幢昔日华丽的贵族府邸，是我在布达佩斯落脚的驿站，如今也成了官家的“招待所”。物是人非，演绎着世间常见的悲喜剧；火地岛坐落在海岸的山毛榉旅馆，面对寂寞的南太平洋，令人不由想念万里之外的亲人……

这些客舍住的时间都不长，有的仅仅留宿一夜，然而它们都存留在我的记忆里，鲜活而清晰。这回整理旧作，对我而言，如同回顾自己大半生的旅途，虽然微不足道，毕竟多多少少包含了许多难以忘却（现已模糊）的往事。于是也不由得想起在旅途歇足的旅馆，虽是萍水相逢，毕竟也是人生之旅的驿站，是我的平凡生涯的见证啊。

趁着现在还有点印象，写上几笔，留个纪念吧！

金涛

2019年3月13日